U0009197

翻轉學

翻轉學

The ultimate guide to revolutionise
how you connect and communicate in business and life

關鍵七秒決定你的價值

The Million Dollar Handshake

國際非語言溝通專家教你練就不經思考，
秒現有自信、魅力與競爭力的「行為履歷」

Catherine Molloy
凱薩琳・莫洛伊 —— 著　林吟貞 —— 譯

目錄 | Contents

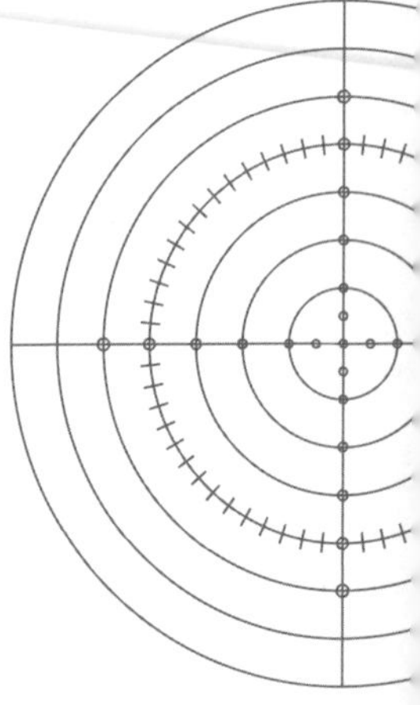

好評推薦

「經營事業的前提，要先經營好自己的個人品牌。《關鍵七秒，決定你的價值》藉由故事性的方式剖析各式案例，有系統、有方法帶領大家提升良好的人際關係，是值得一讀的一本好書！」

——林依柔，小大人表達學院創辦人

「將內在實力透過外在形象翻譯出來，是現代社會每個人的必備技能，而本書中的技巧，就是很實用的參考！」

——陳麗卿，Perfect Image 陳麗卿形象管理學院創辦人

前言
掌握黃金七秒，讓你價值連城

看著時鐘七秒。這段時間你能做什麼？能做得並不多，對吧？事實上，只要七秒鐘就能讓第一次見面的人，對你留下長久的印象。要是你希望這次見面時，對方能給你工作、你能為公司簽下一大筆生意、對方能和你合作以裨益國家，或者對方能成為你的終身伴侶，那麼這個關鍵七秒就代表了一切，必須留下好印象。

在你開口說話之前，你的步伐、握手、眼神接觸、和對方互動的方式，在在都透露出你是什麼樣的人。肢體語言會顯露出你是否有信心、是否有興趣和對方見面，也或許會出賣你其實希望身在他方、與他人見面的事實。你可能會表現緊張或焦慮，又或者你平等看待並尊重對方。

想像一下，每一回的初次見面，用可靠的方法就能建立起融洽關係，並創造雙贏局面。充滿自信並準備好和他人見面，表現出對他們真切的關心，這會為接下來所發生的事，奠定好穩固的基礎，無論在會議中、協商中或約會中，都是如此。初次見面的核心重點，取決於你握手的方式。我稱為「百萬之握」（Million Dollar Handshake）。

在我經營培訓公司的第一年，我們簽下了一筆價值百萬元的生意。這一切，都是從與潛力客戶積極、面對面的接觸而來；而每次見面，也都從有意識且充滿自信的握手開始。過去二十年間，我為大企業工作、經營公司、觀察他人、學習、教學及成立一家成功的國際企業，都用上了第一年所學到的一切。每當我與他人初次見面，就會利用這些技巧，我也會在此書中和你們分享。我會提供工具，破解與他人見面寒暄的訣竅，好藉此讓他人對你留下積極而持久的好印象。

「百萬之握」不僅和賺錢有關，正如你們將在本書的實例分享中看到的那樣。它同時也能幫助你有更好的自我感受，並教你如何讓客戶也感受到備受尊重。這些故事是關於握了百萬次的手，以及完成一百萬次的協商與交易，關於如何讓他人對自己有良好的感覺，也覺得和你合作愉快。對他人微笑與握手能夠展現出你真心關懷他們，能夠讓人覺得被關懷、被重視。他們可能不會成為你的百萬客戶，但卻會感激你對他們的尊重，而且誰知道呢？也許有一天他們就會成為你的百萬客戶了，甚至可能會主動找你談百萬交易。

因為沒有好好握手，而造成了不好的印象，可能馬上就會在你和初次見面的對象之間產生隔閡。這是個可以被克服的問題，也許最後你們都會一笑置之，然而你必須見上更多次面、不斷追著對方跑，才能夠取悅對方，彌補一開始留下的負面印象。你甚至可能必須從頭來過。在不清楚走向，也不知道你們雙方能夠提供彼此什麼之前，為什麼要阻礙這些機會呢？初次見面成功了，就能立刻打開溝通的橋樑。要是能掌握一開始的關鍵七秒鐘，而且心知肚明可能不會再有第二次機會，就能善用這種狀況，達成最佳結果。

我們活在握手的世代。全世界的人都是以握手來開啟互動，從峇里島（Bali）的市場到紐約的會議室都是如此。它是國際商業界的重要工具。事實上，握手是古老的傳統，但它並未隨著時間消逝，而是堅持至今，並變得相當普遍。它是可以傳達信任、顯露真實意圖或不安全感的行為。想想在 Facebook 或 YouTube 上，大家有多關注美國總統川普（Donald Trump）與其他世界領袖握手的影片，以及這些影片瘋傳的速度。我們會好奇：他們會握手嗎？他會把對方拉過來嗎？他會被忽視嗎？他做對了嗎？他喜歡對方、想要建立關係嗎？還是他只想表明主導地位？

握手告訴我們許多關於彼此的資訊，在專業合夥關係的起始之時，這樣的資訊相當寶貴。和你見面的對象想知道他們是否可以信任你、與你合作、一起成長，你也同樣想要知道這些。我們希望從一開始就打造正面積極的印象，才能為關係定調。

如何正確地握手？這是第一章的主題，我會說明如何自信且尊敬地握手。在第二章，我們會著眼於初次見面時肢體語言的各種面向，以及這些祕訣會如何帶領你走向成功。第三章將關注於我們的行為履歷，我會強調每個人都有特定的行事方式。有時候是否需要調整我們的行為？一旦拋開口頭與非口頭的語言，我們就會只剩下每個人原始的行事風格；要如何有意識地去建立關係的魔力，就是由此展開。第四章則深入探究「致勝心態」與我們對這個世界的看法：你有自信嗎？還是你的態度或認知讓你很難達成目標？在第五章裡，我會分享自身到世界各地工作的經驗，有助於你為跨文化的商業會面做準備。在第六章，我們會探索「人際意識框架」，學習如何關切自身、周遭環境與旁人，並有助於建立長久的有益關係。

這本書寫給商人與企業家，也寫給即將離校、面臨第一場工作面試的畢業生。它有助於想要向客戶表達關切的銷售人員，讓他們知道這並非「以我為主」。我也為那些在日常生活中，會與他人見面、希望留下好印象的人，寫了這本書。想想銷售人員問候客戶、商業人士聯繫彼此、醫生與病患握手、新同事初次見面，以及比賽開始時兩方隊伍碰面的情境；第一次到中國出差的澳洲人，或者新加坡的企業到澳洲來開會，想要在一開始的七秒鐘就留下好印象，如何有力地建立關係都是至關重要的議題。

在《關鍵七秒，決定你的價值》一書中，我會帶你一步步了解握手的儀式。你該做什麼？該說什麼？你想要對方有什麼感受？你如何真心地建立關係？如何透過握手，讓他人知道你值得信賴，也知道你信任他們？我會提供你工具，讓你可以面對初次見面就發生的問題或自信心受創的狀況。重要的是，我會幫助你了解自身狀況、增加信心，並知道要如何建立成功的關係。是時候破解你的初次見面的盲點了。這是過程中的第一步：會見我、喜歡我、信任我。

讓我們開始吧！

實例分享

只贏別人七秒，勝負就天差地別

峇里島的市場，跟在我家鄉澳洲昆士蘭（Queensland）的超市和百貨公司沒有什麼兩樣。十九歲時到海外旅行的我，覺得它們深具魅力。一天早上，我坐在一間小小的市集咖啡館裡，喝著一杯口味偏甜的拿鐵，看著店家和遊客做生意，開始好奇為何同樣一件手工藝品或同一塊布料，對不同的人可以賣五塊錢、半價或甚至多一倍的價格。從那天早上起，我開始研究這些買賣的過程。

店家會和來到攤位上的任何人打招呼、握手，甚至問起名字。然後看似是根據遊客回應的方式，來決定價格。有時候我會看到遊客邊大吵大鬧邊離開，也曾經聽過店家大叫：「離開這裡！不要買。」有各種不同的情形發生，我才明白幾乎所有一切，都和遊客與攤販在前幾秒鐘的互動方式相互呼應。店家幾乎是馬上就會決定他們要怎麼銷售。要是遊客很不耐煩、唐突或魯莽，通常會和店家起衝突，然後離開。我發現，在這種狀況之下，遊客並不在乎對方是否感到生氣或沮喪。反過來說，攤販也會失去對遊客的尊重，決定不賣東西給對方。另一方面，我也注意到，當雙方都相當有禮貌、對話也很友善的時候，就算時間很短暫，交易也能順利進行。

特別值得一提的是，我看著那些會回應攤販伸出手來的遊客，並觀察他們如何握手。接著我到攤位去，找攤販們握手，他們會問我叫什麼名字、從哪裡來，我會回問相同的問題，和他們相視而笑。也許我不會每次都拿到最好的價格，但通常價格都很不錯，雙方在完成交易後，感覺也都很良好。

我就是在那時開始發現，在所有情況下、在世界各地，握手是多麼重要的事。我喜歡和他人見面、認識他們，並建立關係，所以我相當看重在峇里島市場裡學到的一切。

當時我任職於澳洲商業銀行（Commercial Bank of Australia）客戶服務部。我熱愛這份工作，它讓我有機會每天跟很多人交談。當時公司正要和新南威爾士銀行（Bank of NSW）合併成為西太平洋銀行（Westpac），我被帶到了合併團隊裡。我和昆士蘭周遭不同分部的員工一起工作，我永遠都會和客戶打過招呼、討論他們的需求，並詢問他們是否有任何問題。結果，我賣出了許多產品。我的同事們總說：「他們當了我二十五年的客戶，怎麼不是跟我買？」我會回答：「你們有談到產品嗎？你有提問嗎？」

我會了解最新產品的一切資訊，並把資訊傳達給客戶們，以確保他們擁有銀行提供、符合其需求的最佳服務與產品。透過與客戶交談，我會知道他們的職業與需求，接著只要幫他們配對適合其需求的產品即可。

可能客戶提到：「我要去度假。」

「噢，太棒了。你已經換好錢了嗎？」

「還沒。」

「那你有辦旅遊保險嗎？」

「沒有。」

「你預訂行程了嗎？」

「還沒。」

「這些我們都可以幫你喔！」

我真心對客戶及販賣銀行產品與服務感興趣。二十二歲的時候，我每個月都是昆士蘭州的銷售冠軍，接著又成為西太平洋銀行全國的銷售冠軍。我進入了培訓中心，針對客戶服務與產品知識，為我的同事們進行培訓。

那時候我開始好奇，為何我能夠馬上跟他人建立有力的關係，而其他人卻不行。我回想起在市場的店家，明白這一定和肢體語言、心態，以及你是否願意，也是否能夠即刻與他人互動有關。這讓我開始研究肢體語言，並於研究所研讀神經語言程式設計（Neuro-linguistic Programming，NLP）。學得了這些知識，加上我的親身經歷，我開始與人合作，幫助他們有正確的心態、注意自己的肢體語言，好讓身心得以合一，達到良好的成果。

但我覺得我還有更多需要去理解，及能在培訓中使用，同時也幫助他人溝通的最佳工具，就是能夠辨別每個人的行事風格。換言之，就是我們每天如何在任何情況下行事。你是個有自信的人，還是安靜且思慮周全？你想要成為他人矚目的焦點嗎？你喜歡閒聊，還是開門見山說重點？這並不深奧，也不難辨識。這是實際的知識，清楚地展現人們如何處理事情，以及行事風格會如何影響溝通。

對我們每個人來說，除非刻意調整，否則我們的肢體語言和行事風格是互相呼應的。了解一個人的心態、行事風格，以及這兩者如何決定一個人的肢體語言，有助於我辨別、使用和改進「關鍵七秒」的訣竅。在我經營自己事業的第一年，就是以面對面的會面與致勝的握手，簽下了超過百萬元的合約。自此之後，我一直在幫人進行培訓。

但我已經超越了自己。還有另外一個故事可以跟你們分享。離開銀行的工作之後，我和丈夫約翰一樣投身房地產業，我也相當熱愛這份工作。但我們在生活上遇到困境，必須要賣掉公司。我獨自承擔家中生計，必須養活三個寶貝孩子、約翰和我自己。我必須成立新的培訓公司，並且必須盡快開始營運。我接到一通來自布里斯本（Brisbane）潛力客戶的電話，說是想跟我見面談合約，或者類似的事情。我蒐集好所有紙本文件和宣傳資料，穿上我最好的西裝，心裡想著：**今天會是個好日子**。然後約翰開車載我，到離我們陽光海岸（Sunshine Coast）的家南邊五十公里遠的布里斯本去。

不出幾分鐘的時間，我就知道這只是一場讓這位男人得到任何培訓機會的會面，因為他想要成為培訓員，並為我工作。離開的時候，我覺得浪費了一整天的時間和精力。

隨後約翰來接我，回家前我們去購物中心裡喝咖啡。也許是我跟咖啡館很有緣吧，坐下來後我環顧四周的店家與店裡的員工，想著他們怎麼做生意。就跟峇厘島的店家沒兩樣，每位銷售人員都在和顧客互動。我請約翰等我，然後拿起我的資料夾，走進我在咖啡館看見的隔壁旅行社。我伸出手，對著經理微笑，自信地與她握手，然後詢問她是否需要人幫忙進行員工培訓。她很驚訝地告訴我，當天早上她才正在瀏覽幾家培訓公司的簡介。她邀我詳談合約，而在這場非正式的會面前七秒鐘的時間裡，我們就建立了強大的關係，因此她的旅行社及公司裡的所有人，就成了我的第一批客戶。

那一天，我完全明白了建立關係與良好溝通的力量，「關鍵七秒」也就此誕生。我用上了十五年前學得的技巧，再加上新知，來建立強大的關係，並在幾秒鐘內就明白，我和什麼樣的人共事。時代在改變，科技也日新月異，但人類的基本需求與行為，卻大致上保持不變。感謝老天，透過了解我們如何溝通與建立關係，我打造了蓬勃發展的事業，與來自不同文化的客戶共事，幫助他們在事業上，達成驚人的結果與成長。在閱讀這本書的過程中，你們會慢慢發現，這對你們來說，也是好消息。這些工具會幫助你在溝通、銷售與服務上，達到正面積極的結果，讓你在未來更加順利。所以今天，你想要讓誰感覺價值非凡呢？

第1章

是敵是友，一握定生死

每一個偉大的行動之前，都有一次絕佳的握手真的是七秒定生死嗎？你參與會議的時候，是否感覺如沐春風？你和見面的人握手時，有讓對方感覺備受尊重嗎？我們每天和人握手時，幾乎都是不假思索。但你可知道，這初次的接觸有多麼重要嗎？

你握手的方式，得以決定客戶是否願意和你做生意，以及是否能夠談下這筆生意。在這個章節裡，我們將破解初次見面時的祕密，並幫助你發展出自己的「百萬之握」。

別人會透過握手來評斷你。大家都是這樣做的：這是我們判斷對方是敵是友的先天機制。要是握手的時候，對方顯得軟弱無力，或握得太用力，你做何感想？他們有意識到你的感受嗎？這樣的初次見面，能讓你對他們有什麼了解呢？透過握手，他們又要告訴你什麼？

在這個快節奏的世界，我們也習慣快速地做出決定，同時包括我們馬上就對彼此下定論。走向前去準備和某人打招呼的時候，其實你已經對他們產生了想法。可能是基於這個人的站姿、他們的姿勢和臉部表情是否有精神、他們看你的方式，以及他們如何透過眼神接觸、聲音和肢體語言跟你溝通。儘管可能是潛意識的行為，你一樣可以肯定的是，他們也同時在評斷你。初次見面的時候，非語言的訊息，可能還比我們說的話要來得重要。

我們的站姿、手上的動作、我們的聲音、走路的方式及臉上的表情，特別是眼神，都會支持或否定掉我們所說的話。正面積極的好印象，自然會導向積極的會議、面試、交易或成功的協商。相反地，要是不去注意自己非語言的訊息，通常會傳遞複雜的訊息給對方，或者害自己失望，還得再找其他方法、花時間建立關係。永遠都要注意自己非語言的表達，才能掌握你所傳遞的訊息。握手，就是個好的開始。

握手的方式可以是強大而具有啟發性的。請記住，在商業場合，握手通常是我們唯一和對方有肢體接觸的時刻。它可以傳達信心、溫暖、興致、對他人的真心關懷，並打造強而有力或溫和的感覺。它同樣可以傳達過度興奮、緊張、傲慢、漫不經心或鬆懈感。發展出專業的握手方式，是你可以培養、最寶貴的商業技巧之一。它重要到連美國總統約翰·甘迺迪（John F. Kennedy）在競選期間，都委託人去研究最有效的握手方式。

你希望在握手的時候，傳遞一些關於你的訊息，但又不希望傳遞太多。握手時應該要讓對方感到自在，並對你充滿信心，讓他們知道可以信任你，知道你對他們感興趣。也許你會覺得只是一個手勢而已，這樣的要求太過分了，但想想看，別人只用指尖軟弱無力地握手，或者握太用力、把你整個人拉過去，讓你覺得自己不受平等對待的時候，你做何感想？觀察世界各地的政治人物握手，注意各種風格的溫度與想要主導的程度，這讓你對此人有何感受？你對他們的力量感到欽佩，還是覺得他們太傲慢欺負人？溫暖的握手、直接的眼神接觸，是否會讓你覺得這位領導者已經準備好和對方合作，以達成最佳結果？

在古希臘，女性在丈夫出戰之前會和他握手。古羅馬人彼此問候時，會扣住對方的手肘下方，同時檢查對方是否攜帶隱藏起來的武器。他們總是用右手握手，左手則是用在個人清潔的用途上。如今，握手已經成為問候、道賀、祝福或道別的方式。握手是承諾達成協議的象徵。**來握手吧！**那你該怎麼握手呢？

關係建立在舉手投足之間

可以的話，從抬頭挺胸走向對方開始：你的頭部、肩膀跟臀部必須對齊。友善地看著對方的眼睛，並且微笑。不是瞪著他們，而是專注地凝視，儘管只是幾秒鐘的時間。保持眼神接觸表示你很機警，並且對他人全神貫注；這顯露出信任與感興趣。不要越過對方的肩膀去看還有誰在，眼神也不要往旁邊瞥，看你還要和誰握手。移開眼神可能會被視為害羞的表現，或者更糟。它可能代表你不尊重對方，或者讓你看起來不真誠，或不感興趣。在美國總統約翰·甘迺迪所委託的研究中，研究人員發現，眼神接觸幾乎跟握手本身一樣重要。所以，注視著對方的眼睛，和他們建立關係。當然，要是做生意的對象，來自一個不鼓勵眼神接觸的文化，那就隨機應變。在第五章裡，我們會針對跨文化溝通，進行更細節的探討。

微笑，不僅能打破僵局，還讓你放鬆

即將握手的時候，露出微笑得以快速地打破僵局、幫助你放鬆並和對方建立融洽關係。要是對當下情況與對方文化而言都很恰當，那就在伸出手的時候微笑。但請避免假笑，或勉強地笑。它們通常比真實的笑容維能持更久的時間，而且往往被侷限於臉的下半部，也就是說，笑意不會從眼神中顯露出來。假笑容易讓你顯得不真誠或冷漠，也沒辦法讓對方感到自在。

因此，每天檢查頸部以上自己的表現是很重要的。早上看著鏡子，面帶微笑並看看鏡中倒映的樣子，那就是當天周遭的人眼中的你。而且鏡中的笑容會讓你感到快樂，準備好展開新的一天。

對鏡子練習，走向前，站挺

準備要握手的時候，走向前，把雙腳牢牢地貼在地上，腳趾頭要向著對方。雙腳、臀部、肩膀、頭部和眼睛都應該朝著對方，你應該站在他們的正對面。讓你的臀部對齊肩膀。把肩膀對齊你打招呼的對象，代表你對他全神貫注。比方說，站著的時候，膝蓋不要彎曲，那會顯得你不感興趣。相反地，雙腿要打直。這種站姿代表你不帶批判，也相當專注於對方。正確的做法需要練習，所以請在家裡的全身鏡前練習。走向鏡子的時候，請注意你是否面向其中一側。你是否能有自信且不帶侵略性地站著，還是一腳在後，顯得你有些不確定？你的身體是否會向後傾或向前傾？你是不是並沒有站在中心位置？

握手的時候若有拍照的機會，比較有力的位置是站在對方的右手邊。那麼別人看著你們倆的時候，你的手臂會在前方。我認為雖然這會讓對方的身體和臉部都完全展現出來，但可能會擋住你，所以並不見得理想。不管站在哪一邊，你都可以利用站姿，營造對你和這次的拍照有利的機會。請面帶微笑，讓對方覺得舒服自在，會顯得你認真想要建立真實的友誼，並且樂意協商。

握手的力道和時間，永遠是學問

永遠都要注意握手的力道和時間。握手握得太快或太久都不恰當。兩三秒就夠了，也只需要和緩地握一兩下即可。要是握得比較久，對方不會知道該何時放手，可能也會開始覺得不舒服。有些人會邊握手邊問候：「哈囉，你好嗎……」對方會好奇握手什麼時候才會結束，而且會開始感受到握手的力道正拉扯著他們手臂的肌肉。那和笑太久一樣奇怪。握對方的手不要握超過三下。同時也要注意，太大力地握一下跟和緩地握好幾下是一樣糟糕的。就跟在拉扯對方手臂一樣，這樣看起來可能會很具侵略性或很滑稽。請記住，多數人還是希望手臂可以好好地跟身體連在一起！如我所說，完美的握手應該長達三秒鐘，和緩且自信地握一兩下。太快把手拿開，可能會顯得你不感興趣。握太久的話，就會讓人感到不舒服或困惑。在那幾秒鐘之後，就把手抽回來，就算你或對方都還在說話。請**不要持續不斷地握手！**

你的握手應該要簡單、堅定、友善而毫不費力。你不會想弄痛對方的手，而是要展現出，你很高興到那裡跟他們見面。如果把握手的力道分為一到十，兩個強壯的男人可能會有八或九分的力道。微弱的握手力道，會讓你看起來顯得不值得信任或不可靠，並且無法讓對方增加信心；相反地，握得太用力則會顯得很傲慢或欺負人，或顯得你並未對他全神貫注。找到中間點，準備好根據對方的狀況改變力道。在一秒鐘之內，你就能改變握手的力道配合對方，以免對方覺得他們握得太用力，或是你太用力。

要是對方一開始握得就比較用力，你可以立刻調整力道，以配合對方，從而留下良好的印象，並創造雙贏的局面。這道理同樣適用於對方握手力道較輕柔的時候，你也許會想要調整力道，讓對方對這次見面的感受是舒服的，並開始和你建立關係，但相反地，你應該要堅定一點也不要減輕力道。若是和接待櫃檯的人見面，請體解對方需要和許多人握手；和受傷的人、戴大量戒指的人、年長的人或看起來虛弱的人握手時，都請多體貼對方。

要怎麼握手，讓人有信任感？

完美的握手應該是掌心對著掌心。讓你手掌的虎口與對方手掌的虎口短暫地碰觸。彼此虎口碰觸的時候，會立刻產生一種信任感，也是我們希望關係繼續下去的方式。初次見面的對象會想知道，他們是否可以信任你、與你合作、一起進步，你也同樣想要知道這些。要是並未碰觸到虎口，這次的握手就會顯得過於謹慎，你們其中一人或兩者，都會覺得尚未真的建立起關係。在這種情況下，你就不得不尋找其他方式與花時間建立信任、取悅對方。浪費了前七秒鐘的時間，只會讓你在未來浪費更多時間。要是初次見面時的握手，彼此的虎口並未互相碰觸時，我就會覺得並沒有真的和對方見過面，這是建立關係真正的開始。所以如果你是個謹慎的人，在握手的時候通常只抓住手指而未碰觸虎口，那就從現在起，下定決心改變風格，從初次見面就開始建立信任關係。

▲掌心對掌心，虎口輕碰

你的手應該要呈現垂直：大拇指朝向天花板，小指朝向地板。要是你的手掌朝上，則會被視為是順從的象徵，或是試圖要讓對方有主導性，或覺得自己很重要的伎倆。除了這些複雜的訊息之外，對接收的一方來說是很不舒服的感受。我建議你不要在這前七秒鐘搞砸。握手的時候要保持開放與專業的態度。

▲手應該要呈現垂直

邊握手邊打招呼

握手的同時要開口說話。不需要是什麼詼諧的話，也可以只是老掉牙的「很高興見到你」。清楚且自信地說話、自我介紹。這時候是你稱呼對方的好時機，也許是第一次稱呼對方。請確保你發音正確。要是有需要，在見面之前先練習唸過名字；若不確定發音，可以提前打電話到對方公司，詢問總機名字怎麼唸。要是做不到，就詢問本人發音是否正確。比起在接下來的會議過程中，聽你一直唸錯他們的名字，他們更樂意教你正確的發音。握手時簡單的一句話與後續的寒暄，在會議開始後更容易導向有建設性與積極的商業討論。說恰當的話，不要刻意表現幽默，否則可能會留下錯誤的印象。

這些握手方式千萬別犯

主導握：帶有侵略的象徵

一九八〇年代主要的握手方式，我稱之為「主導握」，在今日仍然經常使用。那什麼叫做「主導握」？

握手的時候，直接把手掌朝向地面。你主導一切，對方就必須跟從，把手掌放在你的手下方。你也許會認為這代表你很強勢，但看見的人會覺得你並不尊重對方。這也可能被視為帶有侵略性的象徵。事實上，主導握手的人已經把力量傳達給對方。所以這時候接

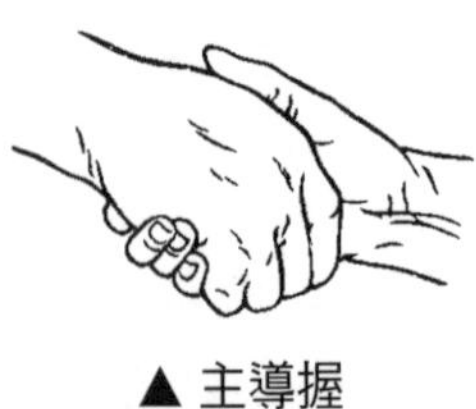

▲ 主導握

收的人就有了力量，知道該如何銷售、影響你或談判，並且占了上風，因為主導的一方已經釋出希望如何被對待的訊息。可以利用這樣的資訊，為自己和所處狀況取得最佳結果。

要是遇到主導握手的人，別想要握得比他們還大力。相反地，應該要保持中立與專業，蒐集他們傳遞的所有線索，別讓對方發現，自己在會議中已經將主導權交給了你。你可以繼續談判，創造雙贏的機會，主導權已在你手上。

公主握：會被視為軟弱

再來是「公主握」：手伸直，手指併攏微彎。對方會好奇應該要握手、親吻手背或鞠躬。這也可能讓人有以上對下的感受和印象。避免只抓住手指或指尖，那樣容易被視為是軟弱的象徵。要是對方用手握住你的指尖，你也無能為力，但必須要能明白，你需要更努力去創造雙贏的局面，並建立對此人的信心。不幸的是，許

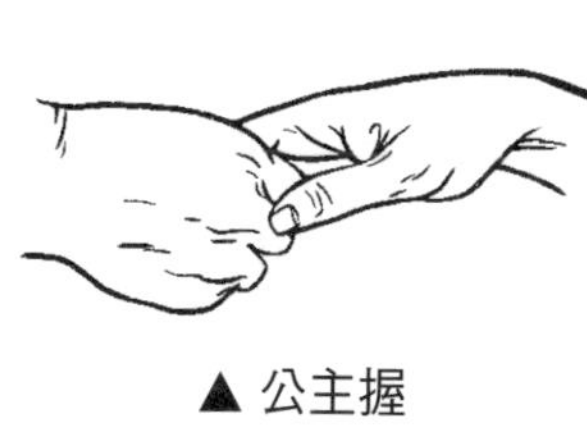

▲ 公主握

多男性會以這種方式和女性握手，許多女性之間彼此握手也是如此。要當公主沒有問題，但不該表現在握手的時候。如果妳是個商人，也想被認真看待，那握手的時候請把手垂直，更要展現出專業度與自信。想了解更多關於女性與握手的資訊，請參閱第四十六頁。

我們都會記得糟糕的握手方式留下的印象。最近遇到的一位活動經理告訴我，她原本對於要見到在社交活動上表演的其中一位歌手感到興奮，但他們握手的時候，她覺得自己好像剛被解雇一樣。從此之後，她就對那個人失去了興趣；一家出版公司的經理也記得，自己要和仰慕的著名作家見面時有多麼興奮難耐，但握手的時候，她卻感受到手心出汗、溼答答的「公主握」，害她好失望。

雙手握：會被認為自以為是或裝熟

「雙手握」的意思是你用另外一隻手握住對方的手背，這樣他們的手就會包覆在你的手中。這可能意味著溫暖、真誠與熱情。不過，對初次見面的握手場合而言，會有自以為高人一等，或與人裝熟的感覺。對方應該怎麼回應？他們也該用另一隻手握住你的手背嗎？這可能會很尷尬或顯得很愚蠢。這種握手方式最好用在跟你很熟的人身上。同樣地，要是有人對你這樣做，他們就主導並控制了場面，所以記得保持友善，並接受對方傳達了希望你如何對待他們的訊息，才得以創造雙贏局面。

▲ 雙手握

在某些武術當中，手腕上有一個點，是可以在抓住別人的時候對此施力、把對方摔到地上的地方。所以，不要把手指伸到對方的手腕上，或把手伸到對方的袖口邊。這會顯露出主導的意味，也會讓對方覺得你在侵略他們的地盤。

優越拍握：讓人覺得不受尊重

跟「雙手握」有密切關係的是「優越拍握」，是要嘗試展現出溫暖的握手方式。不過，它的效果卻正好相反。這種握手方式，是其中一人伸出攤平的手，讓對方可以從上方握住，有一點像「雙手握」。手在下方的那一人，用另外一隻手輕拍對方的手背，有讓對方安心的意味，或他們自己認為有類似的意思。這會讓對方覺得，你好像想讓他們占優勢，輕拍手背會讓他們覺得不被尊重。

最近就瘋傳美國總統川普和日本總理安倍晉三（Shinzo Abe）之間「優越拍握」的影片。請避免使用這種握手方式，除非你想藉由各種錯誤的原因受到關注。

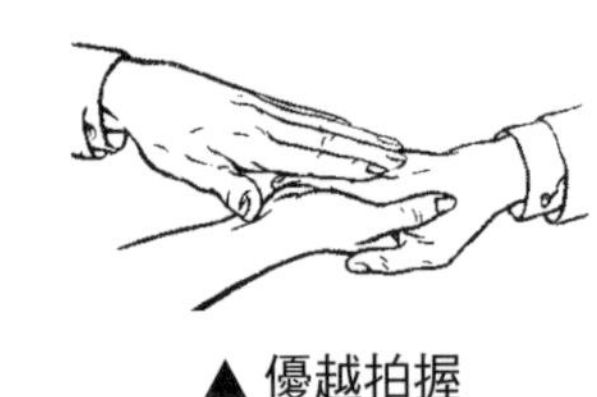
▲優越拍握

我最近參加了一場會議，攝影師在演講結束後來找我，跟我說：「我都是用這種方式握手，好讓對方覺得備受重視。」我回答：「沒錯，每個這樣做的人，動機都是好的。」接著我問他能否這樣跟他握手。我伸出攤平的手，他得從上方握住，然後我拍了拍他的手背。他同意這種感覺非常糟糕，也為自己多年來一直這樣與他人握手感到震驚。請記住，我們想的不一定都是對的。讓握手的方式越簡單專業越好。

拉握：會讓對方失去平衡

有些人會把你的手臂拉往他們這一側，這種力道通常會讓你失去平衡。這個動作會將你的肩膀偏向一邊，讓你失去重心，你會因此失去和他們之間的緊密關係。要是有人握手的時候很緊張或感到不舒服，他們就會把手臂緊緊地貼在身體的一側。如果你喜歡把手臂貼在身體一側，請注意這樣會讓對方失去平衡。這也會讓握手顯得很緊繃與尷尬。**不要當個拉手！**相反地，請自信地伸出手，放鬆手臂上的肌肉，把手臂往前伸離開身體，並用雙手堅定地接觸對方。要是猝不及防地被拉了過去，請放輕鬆，等到握手結束後，再重新站好，並考量一下你對這個人的了解。他們無法自在地握手，可能是因為感到很緊繃或緊張，所以先讓他們可以自在放鬆下來，再開始建立關係。要是這樣做的話，他們通常會萬分感激。

▲拉握

手心出汗：握手前先擦手

我們都喜歡握到乾淨的手，但有些人比較會流汗。神經、熱氣和部分藥物都會導致手心出汗。如果你有這樣的情況，那就在包包或口袋裡放面紙或手帕，以便在握手前可以先擦拭。當然，務必要謹慎一點。要是你正在一場雞尾酒派對或歡迎會，用手拿東西吃或握著冰冷的玻璃杯，那麼在握手前，用餐巾紙擦拭雙手是可以被接受的舉動。要是狀況過於糟糕，或者你相當在意手掌潮溼，手部注射肉毒桿菌素可以減少出汗，治療手汗症。

▲ 手心出汗

＊　＊　＊

除非你願意，否則並不需要透過握手洩漏什麼祕密。要是你對自己的所有行為有所意識，也練習過自己的「百萬之握」，就可以隱瞞你很緊張、很難馬上相信他人、很焦慮或太興奮，或偶爾會忘記考慮到對方的事實。一旦你對自己的握手方式充滿信心，就可以控制自己的感受，也會明白這不只跟你有關。相反地，正確的握手關鍵在於你和對方見面的時候，讓對方有什麼感受。

在最近一次我為銀行經理舉辦的培訓課程中，其中一位頂尖的財務主管表示，握手的時候，同時把一手放在口袋裡，這會讓他覺得自己很有權力。我邀請他示範，然後問教室裡的七十個人：「他的手放在口袋裡，看起來比較有權力，還是手放在外面的時候呢？」

猜猜答案是哪個？答案很一致，大家都回答是手放在外面的時候。

這是偏見的典型例子：他曾經看過一個有錢的商人這樣做過，以為那就是有錢的象徵，可是他誤判了對方所傳遞的訊息。

在商業場合或聚會活動中，和他人打招呼的時候，要把手伸出去握手。要是你力道太輕，或握得太用力，請記得在一秒鐘內，都可以改變你的力道。我會建議，要是對方抓得很牢，那就配合他，讓他們感受到你的存在感。面帶微笑、讓眼神與對方直接接觸，有意識地注視一段時間。你永遠不會知道，這樣的印象會為你帶來什麼，甚至也不會知道，你見面的對象認識什麼樣的人，又會把誰介紹給你認識。

關鍵七秒，決定你的價值

下週儘量和見到的每個人握手。注意你們手掌的虎口是否互相碰觸。注意對方透過握手的方式與你建立怎麼樣的關係：太用力？太輕？手臂是打直的？還是把你往他們的方向拉？你很快就會開始蒐集隱藏的線索，透過與他們握手的方式，了解該如何跟他們合作。對你來說，只要保持專業、自信，展現出你對他們的興趣，以及你們可以共同實現的目標即可。要是對方握手的方式，讓你留下了不好的印象，那就檢視自己是否也做了同樣的事。若是對方握手的方式讓你感覺良好，也表明了對你感興趣，那就看清楚他們做了什麼，你可以怎麼運用他們的技巧。作為練習的一部分，也可以觀察新聞中別人如何握手，分析看看哪些奏效；透過握手的方式，人們傳遞了什麼印象，以及怎麼做會留下好印象或壞印象。

知道如何自信、包容地握手，是專業銷售人員、談判代表、政治人物、求職者及許多人的重要技能。良好的印象，可以創造持久的正面效果，並且讓你成功的機會達到最大。

好消息是，就算你的握手方式並不完美，但你與對方有眼神接觸，也給了對方真誠的微笑，你一樣可以讓他們有很棒的感受。你只要繼續努力，證明在其他方面，你也有一樣的自信與能力。要是他們用帶侵略性或尷尬的方式握住你的手，你一樣可以透過直接的眼神接觸和你身體的姿勢，來翻轉局面。你無法改變別人握你手的方式。比方說，你們的虎口也許不會互相碰觸，也或者你準備握手的時候，對方抓住了你的手指。他們只是在告訴你自己的狀況：在告訴你他們的不確定。他們可能覺得很緊張，而這就是你可以透過肢體語言、微笑和眼神接觸，讓他們感到舒服自在的機會。他們尷尬或緊張的握手方式，會讓你知道，你需要花更多的時間，來建立富有成效的關係。在你閱讀接下來幾個章節的過程中，會學習到更多的解決方法，你也將具有有用的技能。

重要會議的事前準備

假設你即將參與一場會議，希望獲得一筆重要的商業交易。你也已經做好研究，準備好資料和報告。

現在，這裡有幾個要遵守的實際步驟。

前一晚，挑選服裝、文件備好、睡好覺

前一天晚上就先計畫好穿著，然後先把衣服掛起來，事先檢查衣服是否乾淨、燙過。原因很簡單，你不會希望自己因為要穿的襯衫到了最後一刻需要才熨燙而遲到。查好你要去的地方，以及你要怎麼去到那裡。確保你有見面對象的姓名和電話。把必要的文件及所需的其他任何東西打包好，放進包包或公事包裡。

知道自己已經做好準備後就好好睡一覺。看起來很累也會讓人留下錯誤的印象。

比平時早起，優雅抵達

設定好鬧鐘，比平時還要早起，以免你過於倉促。

對鏡子裡的自己微笑，大聲說出在這場會議裡，你會創造雙贏的機會。你就是此時此刻參加會議、達成交易，並提供最佳服務的正確人選。

你抵達目的地，在走進去之前，再次花點時間告訴自己，你就是參加這場會議的最佳人選。然後放輕鬆，這就是你的主場。

要是你很緊張，呼吸很急促，那就暫停一下，好好深呼吸幾次。放鬆肩膀，讓自己慢下來，以免你倉促地進入會議室，用瘋狂飛快的速度脫口而出。如果你是個說話比較緩慢的人，就先把要說的話準備好，那麼必要的時候，你就可以說得快一點，而不必停下來思考再來要說什麼話。

往會議室走去的時候，先踏出右腳，然後在心裡想著：**沒錯！我會做得很好，一切都會順利的**。

花幾秒鐘的時間，特意在腦中想一些正面的想法。最有力量的詞彙是「我」。比方說：**我很平靜、我很好、我很棒、我準備好了、我很專業。**

把注意力放在對方身上

走進會議室的時候，要保持眼神接觸，伸出手時面帶微笑，讓對方覺得你是有意識地在與他們溝通。然後運用你的握手技巧，問候在場的其他人，建立關係。

把注意力放在和你見面的人身上，讓他們知道你對他們感興趣，你也可以藉此快速評估情況。比方說，要是對方說話速度很快，而你說話很慢，那就在舒服、恰當的狀態下模仿他們；要是對方握手很用力，那就配合他們的力道。請記得在一秒鐘內都可以改變你的力道。

要是你走進去時，發現情況和你預期的不同，也不要讓別人看出來。直接把這些擔憂都拋諸腦後，上緊發條開始工作。之後有時間你再來分析所發生的事，以及你感到不自在的原因。會議結束後，和同事討論，一起釐清會議跟原本預期不同的原因。

也許是某些資訊沒有傳達給你，或者你並未正確評估，或沒有事先就提出正確的問題。之後花點時間，整理在後續的溝通對談中，你需要做些什麼。

轉換想法，別在會議中擔心太多，你更應該要專注於結果。我的意思是，你應該想著：**我現在人在這裡。我做得到**。請記住這一點。你開始負面思考的那一秒開始，你的態度和肢體語言就會改變，別人也會發現。拋開負面想法，專注於你和其他人當時正在做的事。

會議結束後的反思

永遠要掌握你的行為與所處情況。也就是說，**就算是注定好的事，也由我來決定**。如果會議進展順利，之後一定要反思原因，才能再次運用。若未如計畫進行，但結果仍然良好，也許你可以為自己倍感高興。

要是進行得沒有你希望的那麼順利，反省看看哪裡可以做得更好。你確認過要和誰見面嗎？你是否事先說明清楚為什麼要見面，以及你想要的結果是什麼？你問過對方想從中得到什麼嗎？如果你不斷地遇到同樣的障礙，那就是你該採取不同行動的時候了。

男性必須等女性主動握手嗎？

為什麼那麼多女性在握手的時候很尷尬？來自各行各業的女性告訴過我她們糟糕的握手經驗，我也遇到很多男性告訴我，他們不知道該如何和女性握手。我在世界各地都被問到同樣的問題，因為無論不同國家文化風俗如何，這都是共同的問題。我和沙烏地阿拉伯與澳洲的女性都討論過這件事。

我遇過很多因為擅長在見面時打招呼而得到工作機會的人。他們馬上就能展露自信，透過握手表現良好的溝通方式，以及他們所說的話與所做的事。

最近，有一名年輕女士來到我們的辦公室，和所有的工作人員握手後，給了我們她的求職申請表；然後在離開的時候，再次跟我們握手。後來，有三名員工來找我，告訴我：「妳得雇用這個女孩。」

我問起原因，他們都說她很有自信，對我們公司而言會是很好的資產。

「好，但為什麼她看起來如此有自信呢？」

他們全都看著我，笑著說她握手握得很好。

在現今的社會，男性往往還是不確定是否該與女性握手。以往都是男性必須等待女性伸出手來，現在則不然。如今的準則是，給較位高權重的人一點伸出手來的時間，要是對方並沒有這樣做，那就換你伸手。握手是重要的關鍵點。據我所知，無論基於任何原因，只要沒有和對方握手，我就必須在未來花上兩倍的努力，來建立良好專業的關係。

女性們清楚知道「百萬之握」的力量，但仍有許多人不確定該如何握手，也不清楚如何在打招呼的過程中就展現出自信。通常女性握手不是握得很有力（可以說是太過用力），就是鬆軟無力，或者把手臂緊緊貼在身體旁邊，把緊繃的感覺傳遞到對方的手。許多女性在成長過程中並不常握手，所以她們對這件事會有點不確定。並不是女性被告知不要握手，而是直到她們踏入商業界以前，女性從不需要握手。我曾和許多國家的女性握過手，她們都認為自己握手的力道很大，但就一到十的力道而言，她們大概只有五分力。每當和男性握手的時候，她們總認為男性想要壓過她們，但實際上卻是因為，這些女性並未配合她們所接收到的握手力道。我和她們握手的時候，她們的力道大概有八分，也覺得這樣很好；下一次她們和男性握手的時候，也用上了八分力道，便不再感到不舒服。多練習增加或減少握手的力道。你就可以在一秒鐘內馬上做調整。

男性與女性會一起合作，也會擔任類似的角色，所以需要握手是意料中的事。不過在有些國家，男女在公共場合握手被視為不恰當的行為，甚至可能受罰，也難怪會產生這種困惑。在第四章裡，我們會探討不同文化中的握手方式和肢體語言。無論如何，我們處在世界各地的商業界中，手勢自然很重要。握手的祕訣就是不要只想著自己，要注意見面的對象。握手的時候，保持手掌垂直，並配合你所接收到的力道。

在我的工作坊或演講後，許多女士會來找我或寄信給我，告訴我她們從未意識到見面打招呼時握手的力量，如今她們明白了，也不斷簽下以前從未成功的訂單。

研究顯示，我們的感受有高達八〇％，不是透過說話來溝通傳達的。[1] 在下一章裡，我們會針對此議題進行探討。

我最近去香港演講，當時小組內有幾位男士告訴我：「這不過就是握手而已。」在和他們每個人握手的一秒鐘內，我就能告訴他們，他們是如何做生意的，他們握手的方式又給了我什麼關於他們的資訊。他們相當驚訝，僅僅只是透過握手，自己就洩漏了這麼多訊息。他們是強勢、充滿自信的男性，不是嗎？

自信的握手是影響與說服他人的好方法，如今也該是讓各年齡層與各行各業的女性，感受握手的力量，並依此建立關係的時候了。

1 A Pease and B Pease, *The Definitive Book of Body Language*, Bantam Books, 2006

讓你價值連城的握手訣竅

- 可能的話，站著握手是很重要的。你應該要站著握手，有意識地建立關係。在我的研討會或培訓工作坊裡，十次中有九次，男性會站起來握手，而女性則通常坐著握手。這算是從屬行為嗎？是缺乏信心？還是不確定？不管是什麼，在課程結束的時候，每個人都是站著握手，做微小的調整，進而建立充滿自信、強而有力與有意義的關係。
- 要笑口常開、眉開眼笑、抬頭挺胸，並確保你的肩膀和臀部對齊，正對著對方。
- 右手要保持淨空。我會把包包背在左邊肩膀上，這樣我走向前握手的時候，包包就不會瘋狂地搖晃。要是我去開會時帶的是公事包，那我就會用左手提著。
- 確保你的雙手是乾淨的。我會在開始吃東西之前，先向每個人都打過招呼，而且我會在包包或口袋裡放一瓶抗菌的乾洗手凝膠。
- 把名片放在包包的側邊袋子或褲子的左邊口袋裡，這樣你就可以在握手後，接過對方的名片，收好之後再拿出你的名片。另一個訣竅是，參加商業聚會或歡迎會的時候，左手握著水杯，同時用兩根手指夾住你的名片，這樣你隨時需要就可以隨時拿得到。

- 不要戴戒指，或者只在右手上戴一枚簡單的戒指，這樣你握手時才會舒服。戴戒指可能會改變你握手的方式，以及影響你給對方或你接收到的感受。
- 對男性來說，和身材嬌小的女性握手時，不需要彎腰或屈膝，就算你站直，對方也能握到你的手。
- 絕對不要在握手的時候，把另一隻手放在口袋裡。我們不知道口袋裡藏了什麼，這也會顯得你可能抱持某種態度、覺得沒有安全感，或者現在並不想見任何人。就算那只是表示你覺得舒服自在，又何必要傳遞如此複雜的訊息呢？

並不是每個人都想要擁抱或親吻。一些行為風格謹慎的人（請見第三章），寧可只交談而不碰觸彼此。然而，握手是其中一種大家都可以使用的碰觸方式，並學著對它感到舒服自在。許多人在握手之前，不會覺得他們和你正式見過面。不管你對握手有什麼感覺，請理解在商業界裡，男女都被預期、也接受要握手。要是想快速建立關係，這項技能你一定得學會。別人對你的感受是種直覺，讓握手來協助你。你握手的方式會讓對方知道你對他們的感覺，也是時候該讓他們感覺自己價值連城了……你不這麼認為嗎？

第2章

光是舉手投足，就令你出眾

積極的肢體語言散發自信與吸引力

為何我們穿上新衣，比如新西裝或新鞋，讓自己看起來很好的時候，我們走路的方式不同了、笑顏逐開了、抬頭挺胸了，也更自信不畏懼了呢？人要衣裝，雖然衣裝成就不了人，卻能改變我們的肢體語言，讓我們感到更加自信。這種思維轉換，反映在我們的態度與如何看待自己之上。想想那些在比賽的時候，會穿幸運襪或幸運內褲的體育明星。我特別喜歡穿某一件洋裝參加派對，因為穿它的時候，我總是能整夜跳舞，玩得很開心。每當即將要完成交易的時候，我也都會穿上某一套幸運西裝。

你是否曾經身在某處，卻希望自己穿的是另一套衣服？突然間，你希望能鑽個地洞躲起來，或直接隱形，直到你離開那個地方。另一方面，當你看起來或感覺良好的時候，你整個人會更加耀眼奪目，也更幽默風趣。那麼，要如何才能次次都維持這種感受呢？

每一次出門的時候，都想像自己為了出席重要場合，打扮得體合宜的感受。要是散發出這種感覺，不管穿什麼，人們都會想要待在你身邊。這叫做自信，相當具有吸引力。不需要花很多錢，也不需要買昂貴的衣服、鞋子，只要了解如何有意識地保持自信即可。

積極的肢體語言是保持自信很重要的一部分，也是這本書的關鍵元素。那是因為，你傳遞的非語言訊息，會讓人留下深刻印象；一般而言，比起你說的話，更能讓人印象深刻。在這個章節裡，我們會著眼於如何透過這種非語言的表達，來掌握你的形象。

肢體語言會影響許多事情：我們對自己的感受、我們的收入高低、我們談成的生意數量、別人對我們的信任、我們提供的服務、別人和我們互動時的感受。就許多層面而言，理解肢體語言就像學習一門新的語言一樣，需要每天花時間練習，磨練技巧。就算沒有說話，我們也不斷地在溝通，我們與他人互相透露給對方的訊息，非語言的溝通就占了五五％到八〇％的比例。[2]它影響我們的工作和個人關係。透過正確地

---

[2] A Mehrabian and M Wiener, 'Decoding of inconsistent communications', *Journal of Personality and Social Psychology*, 1967; A Mehrabian and SR Ferris, 'Inference of Attitudes from Nonverbal Communication in Two Channels', *Journal of Consulting Psychology*, 1967.

詮釋肢體語言和重要資訊，就能提升你的談判與管理技巧，建立起有意義的關係。

這並不是一種有意識的溝通形式，所以人們常常會因為肢體語言而原形畢露。這代表光只是用看的，就能深入了解周遭人們的想法與感受。

肢體語言在幾個層面都具有相當強大的力量：

1. 真相不用透過言語就能呈現。
2. 理解非口說的語言，會讓我們更有自我意識。
3. 理解肢體語言有助於你辨識自身行為，創造成功。
4. 肢體語言有助於你更加了解他人與自身的感受。
5. 你能「聽出」沒說出口的話，能增強聆聽能力與有意識的溝通技巧。

人體具有超過七十萬種不同動作的能量。那是很大的力量，但我們並不常善用它。有時候我們透過姿勢、動作和手勢，給予自己或他人負面的資訊。我們可以在一秒鐘內改變自己的肢體語言，傳遞正向的訊息給自己和他人，或者令自己及他人感到沮喪。你使用身體的方式，能支持與增強你所說的話，或者自相矛盾。不注意非語言的時候，你就可能傳遞混亂或令人困惑的訊息。就好的層面來說，以正面積極的方式、有意識地使用肢體語言時，就能在你和他人初次見面時鼓勵雙方對話，顯露出你有能力也值得信賴，並支持你的正面意圖。

肢體語言的某些特徵包含：

- **眼神接觸與臉部表情**：尤其是雙眼，它們確實是靈魂之窗。
- **手勢**：你的手勢可以傳達心情，就算是在你有意識地察覺到之前也是如此。
- **聲音與呼吸**：你聲音的語氣與呼吸的速率，同樣能顯露出你目前的感受。
- **姿勢與步調**：你的坐姿和走路姿勢，會影響你的心情與他人對你的觀感。
- **位置**：你定位身體的方式，會顯露出你是否全神貫注。
- **距離**：透過人與人之間的距離，我們可以知道他們了解對方的程度。

- **碰觸**：說話的時候碰觸的東西很重要；你可能會碰觸物品、他人或自己。

別人不會總是老實說出他們對你的看法，但是十之八九會在你們初次見面的前七秒鐘顯露出來。

現在的神經成像技術讓我們知道：

- 在我們有意識地思考自己當下的行為之前，我們會先比出手勢。
- 目睹他人經歷某種情緒的時候，會激發我們的神經細胞，讓我們也感受到相同的情緒。
- 透過聲調搭配，我們會發出與鄰近力量強大的人相同的低頻音。
- 與我們在談判中自信程度相關的非口說資訊，比起我們在工作上的優點，更能準確地預測成功或失敗。
- 和某人溝通的時候，就算不同意對方所說的話，我們也會調整大腦的模式。

有意識操縱肢體語言，獲得好結果

我們的溝通有高達五五%是無意識的。[3]同時我們也知道，有意識的大腦每秒鐘只能處理約四十則資訊，而潛意識每秒鐘卻能夠處理一千一百萬則資訊。想像一下，要是更能夠察覺到這種潛意識的心理活動，你能做些什麼。我們能夠控制結果成敗，讓結果更有利於雙方建立良好關係、增加銷售量，並提供出色的服務。這就是我們如何開始掌握溝通的方式，而肢體語言是其中很重要的一部分。

我們的肢體語言會對結果產生正面或負面的影響。有些人在需要的時候，會開啟積極的肢體語言，待達成結果後就會丟棄。這是一種操縱形式，其他人很清楚肢體語言會影響他們自己和別人，而會做出有意識的選擇，以進行良好的溝通。

幾年前在一場聚會活動上，我和一位高價聘請來、表情煩躁的主題講者坐在同

---

3 FM del Prado Martin, A Kostíc and RH Baayen, 'Putting the bits together: an information theoretical perspective on morphological processing', *Cognition*, 2004.

一桌。午餐結束後，他演講的時間到了，但儀器設備有點故障，他因此不太高興。他負面的肢體語言，從午餐時間就不斷顯露出來。等他終於上台，談論「如何才能快樂……」，但這個主題卻跟他的表現或肢體語言完全不一致。

幾週後，我參與另一場聚會活動，講者在舞台上講得很好，但結束後她留下來與觀眾互動時，卻直打哈欠，並越過談話對象的肩膀往後看。同樣的，這和她演講所傳遞的訊息完全不相符。沒錯，我們都是人，也許講者累了或有時差，但只要你選擇出現在公眾場合，無論台上台下，你的行為就得一致。否則，我們為何要相信你？

我會帶你了解對肢體語言保持意識警覺的祕密。你該做的就是要使用它，相信我，這些技巧是需要練習的，你也需要了解自己的身體。但我可以跟你保證，透過了解與運用肢體語言，無論是在商場上或情場上，你都會變得更加幸運。準備好做一些重大改變，因為運氣（LUCK）指的是「用正確知識所做的努力」（Labour Under Correct Knowledge），越努力就會越幸運！

把肢體語言當作意圖、情緒和心情的預警系統，是用來深思肢體語言的一個好方法。我們做出手勢是因為潛意識受情緒、意圖或欲望推動，我們的意識思維會等到做出手勢之後，才會完全意識到；我們的身體比有意識的大腦更快知道我們想要什麼。實際上，我在進行主題演講的時候，會用自己創造的手勢來輔助，那麼當我的身體開始動作，我要說的話就會對應到手勢而浮現出來。針對人做決策時所進行的研究顯示，我們都是在無意識的狀態下做出決定，並在完全有意識地察覺到這個行為之前，身體就已經先採取了行動，這中間的時間差約莫是七秒鐘到九秒鐘左右。

我們都可以成為專家，都能在不知情的情況下，讀出他人對我們有什麼意圖。有些人在生氣時體溫會上升，而你在一段距離之外就能夠感受到熱氣；有人走在你後面時，你會有所感受，也能夠察覺到有人正在看你。在動腦思考之前，我們就能以很快的速度先做出反應，比如在玻璃杯落地之前抓住它，或者抓住朝我們的方向飛過來的板球，又或是閃避迎面而來的物體。

我們能觀察並了解動物是否友善，還是帶有侵略性地想要攻擊我們。我們可能不太擅長有意識地去注意會議中的其他人正在想什麼，或者評估會議的進展情況。所以我經常會聽到，人們在結束會議走出來的時候說：「真是太成功了」，結果卻什麼也沒發生。這主要是因為，他們有自己的議程，但卻和開會對象的議程不甚相同。這是一個顯而易見，未意識到自己當下情況的例子。你必須要不斷「檢視」，才能確保你和對方的認知是一致的。

練習觀察別人的肢體語言，藉此判定他們的想法與感受，然後向他們確認你的想法是否正確。

同樣的狀況也會發生在我們所愛的人身上：要是我們真的花點時間觀察他們、解讀他們的肢體語言，並感受我們給予他們的感受，尤其在爭吵的時候，也許就能更快解決問題，並獲得更好的結果。

關鍵七秒，決定你的價值

- 每天早上都面帶微笑，檢視頸部以上的自己。看看別人會看到什麼。
- 每天練習控制自己的肢體語言，為自己打造正面積極的感受。如果你在談話過程中抓鼻子，先停下來想一想：為什麼？你的鼻子真的很癢嗎？還是你分心了？試著轉移話題，也許就不癢了。
- 觀察自己的肢體語言對他人有什麼影響。說話的時候摸摸臉部或晃動腿部，再觀察他們的反應。
- 感受他人的情緒對你造成什麼影響。如果是負面消極的影響，就立刻改變自己的肢體語言，讓自己的心境恢復正面積極的氛圍。
- 一整天都維持良好的姿勢。

了解非口頭語言隱藏住的那一面，這會讓你與他人的接觸溝通更加順利，更容易取得雙贏的結果。

七種非語言表達，迅速讓人留下好印象

以下的例子，是否引起你的共鳴呢？

- 你有高超的技能，能力也很好，但只要是在專業的環境裡與人會面，你總是會很緊張、不確定、無法控制局面，然後留不下好的印象。
- 去面試的時候，你想要展現出熱衷於工作、也準備要學習的樣子，但卻顯得過度自信，甚至過度自負，看起來很難共事。

你的肢體語言告訴別人什麼訊息？它是否讓你失望，甚至隱藏了真實的你呢？以下是七種利用非語言表達，在關鍵前七秒鐘留下好印象的方法：

1. 面帶微笑。
2. 調整你的態度。
3. 維持直挺的姿勢：這會讓你看起來比較高，並能散發出自信與展現能力。

4. 眼神接觸。
5. 使用開放式的手勢：雙臂不要交叉於胸前，雙腿也不要交叉站立。
6. 放鬆你的呼吸。
7. 運用「百萬之握」的技巧。

現在我們會更加深入地了解特定的肢體語言所代表什麼意思，以及如何察覺自己的肢體語言，以確保留下正面積極的印象。

身體訊息一發出，就無法收回

根據美國溝通理論學家尼克．摩根（Nick Morgan）的看法，我們的肢體語言經常會在大腦有意識地記錄下這種感覺的前幾秒鐘，就會傳達出我們的感受。[4]

也就是說，在你了解自己之前，正注視著你的人已經知道你的感受了。你的身體可能會發出你不希望它發送的信息，一旦訊息被送出，就無法收回了。比方說，你垂頭喪氣地走進屋裡，然後突然驚覺自己的狀態，心想著：**一切都會沒事的**，但你走進屋裡的表現，早就已經透露你的感受了。

也許一位看著你的同事會問：「你還好嗎？」

你會回答：「噢，還好啊，沒什麼！」

不過，你和這位同事都很清楚，並不是「沒事」。但我們經常選擇忽略來自肢體語言的訊息，因為我們希望什麼事都沒有，我們想要繼續前進，我們希望一切都安好。尼克．摩根表示：「學會解讀肢體語言，就是要學會了解別人的意圖，而非他們特定的、有意識的想法。」

眼神接觸，是最具表達力的媒介

臉部，尤其是雙眼，是非口頭語言溝通中最具表達力的媒介。眼睛會對各種刺激做出反應，其中一些反應是非自願的。回想一下小時候，被父母逮到你說謊時，也許是因為他們看著你的眼睛，發現你的瞳孔擴張。當然，還有其他許多導致你瞳孔擴張的原因，包括腎上腺素的影響。即使是細微的瞇眼，都能影響他人在你臉上所觀察到的資訊。你是需要眼鏡呢？還是正在說謊？不管有意識或無意識，我們都不斷地以雙眼發送訊息。

盯著一個人的雙眼瞧，可能會有許多不同的意涵。但要考量一下，你避開眼神接觸代表的是什麼意思，或者當別人避免和你有眼神接觸的時候，你做何感想？對這個人又留下了什麼印象。在許多文化當中，避免眼神接觸通常與不真實和不安全有所關聯。

4 N Morgan, *'7 Surprising Truths about Body Language'*, Forbes, 2012.

實例分享

行為舉止，也是別人對你的記憶點

我們的一位客戶聘請了一名新的行政助理。他需要一個很有條理的人，而面試的過程中，蜜雪兒看起來相當合適。所有問題她都回答得很好，工作所需的資格和訓練她也都符合，所以錄取了她。

在她的試用期間，同事開始抱怨她的行為舉止。他們覺得她非常咄咄逼人又很粗魯。她從來沒說過任何負面的話，實際上是她的語氣和肢體語言讓同事覺得很有攻擊性。比方說，她會在別人跟她說話的時候翻白眼，也會粗魯地從別人身邊跑過去。

最後，她來找我進行非語言溝通的訓練，不再繼續冒犯其他員工與客戶。

蜜雪兒的經驗告訴我們，行動勝於雄辯，而我們對彼此的印象，也不單單只是因為我們所說的話而已。

臉部表情真實表達內心的心情

有六種全世界都認識的臉部表情：快樂、悲傷、恐懼、厭惡、驚訝與憤怒。請注意自己臉部的表情，以及你是如何經常在不知情的狀況下使用這些表情的。

別皺著眉或陰沉著臉走進屋裡，因為你會立刻將積極的氛圍轉變成負面消極的感受。這些表情能夠表達出你的不開心、擔憂，或對身邊人事物的不認同。可能只是你專心一致的時候，無意識地習慣緊皺眉頭。跟肢體語言一樣，這樣的訊息可能不是故意的，還有你可能沒有意識到是別人誤導了你。從對方的角度看自己，做一點細微的調整，以改善你的肢體語言。就是要從頸部以上開始檢視起：照照鏡子，看看別人看到的都是什麼情景？

實例分享

肢體語言很主觀，認知不同容易造成誤會

有一位備受尊敬的作家莎拉，正在向她的編輯布萊德推銷新書的點子。他們坐在桌子相對的兩端，莎拉很興奮地說明每一個小細節，但在過程中卻覺得自己的熱情和信心逐漸地蒸發掉了。因為布萊德直視著她，緊盯她的雙眼，但臉上卻面無表情。他沒有鼓勵性地微笑或點頭，身子沒有往前傾，不發一語。莎拉說話的聲音越來越小聲，最後她說：「也許今天不是適合開會的日子。我看得出來你不喜歡我的點子。」

「什麼意思？妳的點子棒透了。」

「可是你什麼話都沒說，而且看起來覺得一切都很無聊。」

「才不是，我很專心在聽妳說話，不想打斷妳。」

莎拉和布萊德那天都上了一堂課，明白人是如何無意識地透過肢體語言傳

達訊息，以及會如何誤解這些肢體語言。向別人確認是非常重要的，因為你的認知有可能跟他們的完全不同。

肢體語言很主觀。你必須找尋多種資訊。並要不斷確認，提出開放性的問題，把答案和肢體語言搭配在一起，才能取得最佳結果。

這些微表情在傳達什麼訊息？

閱讀後文，你會發現表情和手勢可以很實用（比如揉一揉發癢的眼睛）或能成為你態度的象徵。請注意表情和手勢，並注意別人如何解讀它們。你不會想要發送或接收到錯誤的訊息。

揉眼睛：不想知道某件事

這可能是對方想要分散你注意力，或者不讓你注意到他們正在說謊的跡象。也或者可能是他們眼睛發癢。對你來說，可能是因為你的眼睛很乾、很瘦或很疲累，你可能最近都待在冷氣房裡。也或許你的眼睛跑了東西進去。也可能表示現在你不想看到或不想知道某件事。要是有人為你帶來了問題，你可能會揉眼睛以避免看到它。這種情況下，你所發送的訊息會無法讓對方放心。同時你也讓自己感受到負面消極的情緒：**噢不，又來了。我該怎麼辦？**

遮眼睛：避免看到真相

我們這樣做，是為了避免看到事實真相，或我們的想像及剛被告知的事。這舉動看起來過度戲劇化，也沒有建設性。恐怖電影總是害我這麼做，我的孩子們也因此總是取笑我。你這樣做根本躲不掉任何事。

揉鼻子或摸鼻子：覺得不舒服

這可能是你覺得不舒服、不喜歡正在討論的主題，或想要轉變話題的跡象。也許是你鼻子癢或流鼻水，或者是你不喜歡屋裡的氣味。你摸鼻子的時候，幾乎都是摀住嘴巴的。遮住嘴巴可能表示你有口臭、你對自己的牙齒不滿意、你在隱瞞實情或說謊。我建議最好不要用手觸摸或遮住你的臉，因為別人不會知道你為什麼要這樣做，那可能會讓他們感到困惑，或者導致他們不信任你。

翻白眼：不屑的姿態

這是一種不屑或表現出優越感的姿態。這會被認為是翻白眼的人覺得一件事太麻煩、很愚蠢或不正確。這會讓他人覺得自己無法勝任，而翻白眼的人也不會聽他們說話。你不會想尊重一個會翻白眼的人，最後不會再跟他們分享你的想法。這個會翻白眼、自以為是的人就什麼都不是了。如果你常翻白眼，千萬別這麼做。想想看別人對你翻白眼的時候，你做何感想，他們也同樣會有這種感受。

眨眼睛：不適合正式場合

千萬別在工作場合或會議中這樣做。

越過眼鏡上方看出去：看起來很挑剔

這可能會讓你看起來很挑剔或者居高臨下，也或者你只是戴了多焦眼鏡。[5]

微笑：要懂得察言觀色

微笑可以發送正面積極且開放的訊息。但要懂得察言觀色，要是有人在哭或不開心，不要還杵在那裡，甚至臉上還掛著燦爛的笑容。勉強的笑容可能會維持太久，也不要讓眼睛太過放鬆。所以在跟他人接觸的時候要有所意識。

手勢怎麼擺對自己最有利？

美國主題講者與溝通專家馬克・包登（Mark Bowden）已經證實，人站著的時候，把手擺在腹部中間的肚臍上方，是能誠實表達自己的理想位置。[6]如果把手放在這片區域的前方，你會看起來值得信賴。同時，你可以讓手肘靠近身體兩側，雙手就能在身體前方做出姿勢。你可以交握雙手或互碰指尖來表達自己。許多政治人物會用這個姿勢，來讓自己顯得聰明；不過要是維持這個姿勢太久，會讓你看起來好像有「肚臍不安全感症候群」（Belly Button Insecurity，簡稱ＢＢＩ）。這也可能在你面前形成隔閡區，所以要小心使用它。

5 多焦眼鏡 bioptic 是指一副配有兩種或以上光學鏡片的眼鏡，對有白化、動眼、白內障、角膜病變、網膜變性和糖尿症網膜退化等疾病的人有所幫助。

6 M Bowden, *Winning Body Language*, McGraw-Hill Education, USA, 2010.

如果你會大量地使用手部動作，請考量以下幾點：

- 雙手的動作要相同，這會比你兩隻手各自做不同動作看起來更值得信賴。
- 要是手舉得過高，又擋住了你的臉，可能會害你看起來像是在隱瞞什麼事情或不夠真誠。
- 伸出手的時候伸得離身體太遠時，可能會是你太迫切想要達成交易的跡象。
- 如果你總是用手「說話」，

一些常用的手勢

手勢	意義
把手或手指放在嘴巴前方或嘴巴一側	這可能代表你在隱瞞什麼，比如自己的想法或看法。
用手指撫摸下巴	這表示你正在下決定。
把食指或手放在臉部一側	這可能表示你因為累了才撐著頭，或者是在思考，但可能是想些負面消極的想法。
把手撐在下巴下，或者把手指放在下巴上	這讓你看起來像在思考正面積極的事。
用手遮住嘴巴	這可能表示你想要隱瞞會冒犯人、令人震驚或引起關注的言詞。或者你已經說了什麼不該說的話，比如要你保密的事。

有些人會認為你太過於愛現，或者過於有壓迫感，所以要注意你和身邊的人接觸的方式。

- 請注意，要是手部的動作過多，可能會分散聽眾的注意力。
- 對滿屋子的人說話的時候，自信的手勢比起靠近身體的小動作來得更為合適。
- 舞台越大，或觀眾越多，手部動作就要越大。

人們會觀察你的雙手，所以請注意你的行為。

姿勢決定你是誰

自古以來，人類就被訓練成要能讀懂肢體語言。在還有一段距離的情況之下，就必須迅速判斷朝你走來的人是敵是友。你的生活也取決於能否看出對方的情緒，還有在他們現身時，你首先能看見的，就是他們的姿勢。

要是你準備要參加一場會議，但覺得沒有信心，那就站直身子、抬頭挺胸、深呼吸，然後微笑。這時你會看起來比較高，也更有自信。別人會像你充滿自信時那樣對待你，你對自己的態度也會因此改變。在幾秒鐘之內糾正自己的姿勢，就能有如此重大的轉變。

不良的姿勢帶給他人的訊息，可能是你缺乏自信、自尊心低，或者能量水平低。垂頭喪氣會顯得你不開心，也或許是你不在乎，或沒察覺到別人對你的想法，這也可能讓團隊成員的士氣變得低落。

請多加注意你的肢體語言、它對你和其他人造成什麼影響，以及在你未意識到的情況下，它發送出什麼訊息。想想別人的姿勢給你什麼感受。尤其當你是否有抬頭挺胸，也會立刻改變別人對你的看法、改變你自己的感受，並改變屋裡的氛圍以及你周遭人們的感受。

要是你走進辦公室裡，看到一個垂頭喪氣的人、你打招呼的時候頭也不抬、頭上籠罩著低氣壓，那麼他們的姿勢所傳遞出來的訊息，也會讓你感覺低落。你會開始覺得身上銬著鐵球鎖鍊，一整天都必須拖著它。或者，你走進屋裡時，對方抬起頭來露出微笑，與你眼神相接，並保持直挺的姿勢，你會覺得自己已經準備好要跟他們一起去完成工作。姿勢能讓我們感覺到輕鬆或沉重。就算什麼都不說，你也有能力選擇，並改變你和周遭人們的感受。

都說態度教不得，這也是事實，但你可以調整自己表現態度的方式。時時注意你的身體如何展現出自己的心情。

關鍵七秒，決定你的價值

你坐在辦公桌前或在辦公室走動的時候，請花點時間檢視你的姿勢。

- 你是否垂頭喪氣？
- 你是否駝著背或拱著肩？
- 你的雙臂和雙腿是否交叉？
- 你的下巴是否下壓？

你有什麼感覺？你覺得別人看到你的時候，會有什麼感受？快速轉換一下姿勢：肩膀向後挺、頸部打直、抬起頭來、背部打直。

現在感覺怎麼樣？你覺得別人會怎麼回應你？維持這種狀態，看看你的心情是否變得更為正面積極、你是否更有精力，以及你是否感到更加肯定與更有自信心。

如何表達聲音才得體？

你的聲音和肢體語言，都要能夠表達出你的態度和心情。在與客戶交談的時候，你的聲音應該要聽起來像是：「我會盡我所能來幫你。」

就算不了解所說的話，聲音也傳達了意義。比方說，要是你對著狗咆哮，牠就會停止動作，但要是你用友善開心的語氣說：「乖孩子」，牠就會搖尾巴。你跟人交談的時候也是一樣，我們可以透過說話的方式，對說話的內容就有一定程度的了解。

你可以用說話的語氣來改變聽者的心情。要是對方生氣了，你還大聲說話、聽起來很煩躁、不耐煩或用居高臨下的方式回應，對方只會更生氣，什麼事都解決不了。相反地，要用堅定、平靜，甚至是帶著關懷、撫慰的語氣說話。絕對不要讓你的聲音聽起來不屑一顧，或者像以上對下說話的方式；更應該要建立起互相的尊重。透過這種方式，你的溝通將會更加輕鬆、愉快，也更易被理解。

聽聽看你與周遭的人說話的音量大小。你說話的音量適中嗎？要是沒有，就立刻進行調整。

你說話的速度和節奏很重要。要是對方說話的速度比你快一點或慢一些，請想想是否要配合他們的語速。你是否說得太慢，讓他們失去耐心？還是說得太快，讓他們聽不懂？請記住，人們很容易在別人說話速度比他們快的情況下，感受到壓力。

你可以配合另一個人說話的速度和音量，但是絕對不要試圖模仿他們的聲音或配合他們的口音。這可能是無意識的行為，一旦你注意到自己這麼做時，請趕快停止，因為這幾乎可以算是一種侮辱行為。

良好聲音的特質：

- 清醒而富感興趣的。
- 聽起來像是在微笑。
- 語氣和速度都適中，讓人容易清楚聽見。

• 有各式各樣且調節良好的音調。

抓出讓人舒適的人際空間

肢體語言跟你的人際空間（personal space）息息相關。就像你對自己擺出的手勢要有所意識一樣，同時也要注意你的個人空間和他人周遭的空間。透過你在自己和別人之間所留的空間，你有意識或無意識地發送了訊息。比方說，站得直挺，會讓你覺得比較高、更寬闊，並且覺得正向地占據了更多空間。

一般而言，一個人的人際空間大概是身體周遭的半公尺之內。超過這個範圍，對方可能會覺得你入侵了他們的地盤。

站著談話的時候，你和對方之間的距離大概是一公尺，感覺起來是很舒適的。若是更靠近一點時可能就會開始覺得尷尬。除此之外的一切空間，都屬於公共空間。當然，這可能會根據你工作所在地的文化或國家而因此有所不同。

就個人而言，我討厭別人入侵我的人際空間，尤其是當他們傾身靠近我的時候。他們的能量會「衝著我來」，那種感覺並不好。唯一例外是在浪漫的戀愛關係裡，也許正處於曖昧階段，才會想要傾身靠近、碰觸對方。否則，這種大動作會讓對方感到不舒服和焦慮。

要是我和坐著的人交談——也許他們正坐在電腦桌前——我就會拉一把椅子過來坐在他們身旁，讓我們的高度相當，就能一起集中精神工作，不會有任何人覺得不舒服或比較卑微。要是我必須用別人的電腦工作，我會先徵求對方同意，然後和他互換位置，這樣我就可以坐在電腦前，而不用傾身靠近他們。

無論是站著或坐著，在離同事半公尺內的距離，或者把他們的東西和辦公室的空間當作自己的來使用，都會顯得很無禮，也會表現出你對專業領域的界線缺乏清楚的認知。

在你和對方之間留下太多空間，或者離他們過遠，不傾身向前參與交談，可能是你對這場談話或會議感覺不舒服、不信任或不感興趣的跡象。離得太遠，可能會被解讀成：「我不想參與。」要是你坐在桌子旁，有人拉開距離，那就拿起一頁筆記或一本冊子和一枝筆，指出一些東西給他們看，讓他們不得不傾身靠向桌子，回到討論之中。一旦你讓他們再次傾身向前，參與其中，就可以繼續開會了。

要是有人真的退出了，你就必須快點找出原因：你是否讓他們覺得困惑或疲倦？或者他們不信任你？是你身上的氣味不好聞，還是噴了太多香水呢？你剛喝過咖啡或抽了菸嗎？保持乾淨清爽、有淡淡的香味很重要。體臭或口臭可能是很大的障礙，會讓客戶和員工不想跟你共度時光。

對方的肢體語言，會告訴你許多關於他們的資訊，但也會傳達出關於你的訊息。要有意識地察覺這些訊息，解讀它們的意思後再採取行動，能讓對方能感到舒服自在並參與其中。

實例分享

解讀肢體語言，更懂客戶需求

大約二十二歲時我在銀行工作，我開始觀察起客戶的肢體語言，並也開始察覺到自己的動作，以及我在別人面前呈現出來的樣子。我很快就明白，人們會依著我的肢體語言給我不同的回應。我讓自己保持直挺：抬頭挺胸，同時面帶微笑，我覺得自己變得較為正面積極，周遭的人也開始覺得更為正面積極和快樂。

我的客戶進門時，我會透過手勢展現出對他們的興趣，並解讀他們非語言的訊息。要是他們趕時間，那我當然就不會占用他們的時間，但我會說：「瓊斯太太，剛好有新進的產品，能幫妳省點錢。我知道妳趕時間，所以拿一些資料給妳帶走做參考。」

瓊斯太太可能會說：「噢，不會，現在跟我說吧。」或者：「好吧，下次再見。」

解讀他們的肢體語言，能讓我知道他們是否有時間、是否感興趣，以及他們的感受。就算他們什麼都沒說，但看起來不開心，我也會問：「還有什麼我可以幫忙的嗎？」或者「一切都順利嗎？」一旦問了，對方通常就會告訴你。你可以用這樣的方法幫助客戶，建立起良好的工作關係。

要是我看到有人走進銀行，看起來很沮喪，我也很自然地會開始感到沮喪。跟大多數人一樣，我會立刻開始反映出他們的行為舉止。後來，我開始研究肢體語言的時候，才明白原來是因為我們有一種腦細胞叫鏡像神經元[7]，這種腦細胞在某人展現出某種情緒或動作的時候，或者我們看到某人正在經歷那種情緒或動作的時候，都會有所反應。這是我們對他人展現同情心的一種表徵。

我開始意識到，這一切與我無關，而是和客戶的感受有關，完全是因為對方，而我不需要反映他們悲傷或困惑的感受，如此才能夠幫助他們。甚者我會

7 L Winerman, 'The Mind's Mirror, Monitor on Psychology', The American Psychological Association, vol. 36, 2005.

傾聽他們說話，然後想想我能為他們做些什麼。我發現，在別人沮喪的時候告訴他們該怎麼做，並不是個好主意。相反地，我會想辦法讓他們覺得好一點，並幫助他們解決問題。只有這樣，我才能勸導或告知他們往前邁進，也只有在適當的時機點才能這樣做。

我會詢問是否出了什麼問題，並專心傾聽他們的回答。我會注意著自己的肢體語言，保持眼神上的接觸，讓自己呈現出支持對方、但不支配他們的態度。我會對他們全神貫注，然後冷靜地說：「瓊斯先生，我很抱歉你遇到這種狀況。請告訴我怎麼做才最能夠幫助到你。」

瓊斯先生可能不清楚銀行的流程，那就是他感到沮喪的原因。他可能會說自己不知道，就算我已經告訴過他，或者聽別人跟他說過，我也從來不會那樣說。反而我會聽他說話，透過話語跟手勢展現尊重，不會傷了誰的面子。然後，等到問題解決了，我會再用適當的方式再次知會他相關資訊。

不要火上加油。這跟你對不對、生氣與否或是否沮喪並無相關，而是為了能幫助對方，讓他們知道有人認真看待他們。請傾身向前、稍微傾斜頭部，並保持眼神接觸，展現出你在傾聽，以及對他們感興趣，然後盡你所能就好。

配合但不模仿，關係更融洽

建立融洽關係的一個有效方法，是稍微配合對方的肢體語言，比如他們的姿勢、呼吸速度和手勢。比方說，要是他們身體往後傾，稍後你也可以這麼做。

你甚至可以反映他們的動作。要是他們把頭部往左邊傾斜，你就可以把頭部往右傾斜。不久之後，他們就會開始發現自己喜歡你的一些特質，也會覺得你很好聊。只要自然做出反映就好，不需要模仿：順其自然即可。同時，你表現的肢體語言跟你說話的內容要一致。

在配合或反映別人的手勢、以建立融洽關係的時候，動作輕微正是關鍵。

肢體語言很主觀，得更細心觀察

1. 它占據我們每天的溝通相當多的成分，就算是用手機，也可以發送你的聲音檔訊息。
2. 你越是注意它，就越能使用肢體語言與他人接觸，也越能清楚地解讀他人的肢體語言。
3. 肢體語言很主觀的，多數的時候你需要找到不只一個訊號，才能真的衡量對方是否有興趣。

肢體語言對不同人而言，可能有不同意思。雙臂交叉可能意味著你在阻隔對方、你不喜歡他們所說的話，或者不相信他們傳遞的訊息。就算是在胸前抱著一個資料夾，也會在你和對方之間形成隔閡，儘管你可能沒有意識到這一點。雙臂交叉也可能表示你想要離開、不想參與。或者你可能只是覺得冷、疲倦或不舒服。你甚至可能只是在擁抱自己。要是你正在對一屋子的人說話，但大家的雙臂都是交叉的，那就要檢視：屋裡是否太冷呢？還是你讓他們覺得很無聊？

保持開放態度，讓資訊和機會能夠交流。在社交活動中，你比較可能會往交叉著雙臂的人走去，還是往沒有交叉雙臂的人走去？交叉雙臂的人可能覺得這樣很舒服，但這樣做會讓他們看起來難以親近，也不會讓別人覺得很舒服。要是你常常交叉雙臂，那就別再這樣做了！

一個手勢就能傳遞這麼多不同訊息，你就知道為什麼得時常注意自己的肢體語言，以及別人會如何解讀了。你經常需要快速評估自己的肢體語言，並根據情況或你想要傳遞的訊息做調整或修改。

由於我們的手勢可以有許多不同解讀，這裡提供一些關於肢體語言應該注意的準則規範：

- 只能跟熟悉的人有肢體接觸，否則一般只需要握手或碰觸手肘就好。手肘是代表信任的區域：你可以碰觸手肘做引導或接觸，但只能跟對碰觸會有所反應的人，或在文化上可接受的狀況下，才能這樣做。

- 要是你想要用邀請的方式指出某樣東西，那就要張開手臂，露出手臂內側，讓手掌朝上。這個動作是很舒服並溫和的，通常是用在遊戲節目上，讓參賽者知道他們可能贏得的獎品，以及他們應該往哪裡去。用手指頭指示、手掌朝下、露出手臂外側的方式，代表比較直接、有說服力，容易讓人覺得較為強迫性，可能會選擇不聽從。
- 控制自己動作中的力道。如果在與某人交談或在演講的時候往下看，你就失去了力量，因為你可能看起來不知道自己在說什麼、在找答案，或者你覺得很軟弱。這個動作可能會讓你的頭髮往前掉，然後你可能就會去撫摸臉龐，或者把頭髮甩回原位。這樣可能會分散聽者的注意力。
- 抓頸部後方表示你剛被問了一個難以回答的問題，或者對方讓你很擔心：讓你頸部疼痛。

- 觸摸頭髮可能會顯得輕浮，或者表示你很焦慮，這也會讓對方感到焦慮。
- 略過正在和你說話的人，表示你不感興趣或傲慢的態度，以及你其實想要結束談話。
- 在會議或談話中看時鐘或手錶，會讓每個人都感到不舒服。也許沒有什麼意義，但這個動作會被解讀成：「我得走了，不能繼續聽你講話了。」一旦有人開始看時鐘，就像是他們已經沒在聽對方說話了。其他人會開始想著：快點，我們時間要到了。
- 坐立不安可能表示你感到緊張、焦慮、不舒服或無聊。它也可能表示你覺得痛苦，比方說，被問問題的時候，你不知道問題的答案，或者你認為對情況失去了掌控，或說錯了話。

通常在我們什麼話都還沒說之前，使用著這些手勢。如你所見，它們傳達許多不同含義，無論是否有意如此。

考量周遭的人是如何解讀你的肢體語言和手勢。有時候，我們會做一些讓自己感覺良好的事，但卻會讓別人感到不舒服。如果是這樣的話，就未能在每個人之間建立平等的基礎，也無法創造雙贏的機會。要先有意識地注意自己，然後再與他人接觸。想想：**我為什麼要交叉著雙臂？這會讓別人怎麼想？我為什麼要這樣或那樣做呢？**很快地，這就會變成你的第二天性，但首先，你得練就對手勢有所意識的能力。

從有意識到不刻意，得刻意練習

- 自我意識是展現積極肢體語言的關鍵。注意你所發出的訊號與你可能散發出的任何氣味（比如很重的香水味、香菸味、嘴裡的咖啡味），並學習如何使用對你有利的非語言溝通方式。
- 評估自己的肢體語言。請朋友幫你找出自己從未察覺、但可能會讓別人感到厭煩的習慣，比如咬指甲、搔頭或皺眉過度。這些姿勢可能會在會議或面試中出賣你，讓你看起來很緊張或不值得信任。

• 努力停止壞習慣。坐在辦公桌前的時候，不要垂頭喪氣的，那麼你在開會的時候，就不用刻意努力地不垂頭喪氣。

第3章

行為履歷，決定你是誰

你的信念不會讓你成為更好的人，你的行為才會了解自己的身分與你在不同情況下的行為模式，會改變你和他人溝通時、互動與握手的方式，為每個參與其中的人都帶來贏面。你是否有時候會覺得，別人為什麼就是不懂你呢？或者你不喜歡和某人一起工作，或是他們的心情總是影響到你，讓你感到低落？你總是感到開心嗎？或者你經常感到負面消極，並且希望自己能知道原因呢？在這個章節裡，我們將著眼於你要如何理解自己與周遭人們的「行為履歷」。

毫無疑問，每個人都是獨一無二的，但我們每個人也會有跟其他人一樣的行為特徵。我們當中有些人喜歡成為被關注的焦點，而其他人則偏好獨自工作。我們生來就有偏好的行為，並在生活中學習與適應其他的行事風格。

透過更加了解自己，我們就能運用自己的熱情與優點，承認自己的缺點，並找到與之和平共處的方法。大多數負面消極的行為模式，是源自於你並未意識到自己是如何影響你自己與他人。透過發揮與開發優點，我們可以讓個人生活與職業生涯更有價值、減少挫折，也更加有趣。如此一來，我們就能和周遭的人接觸，從而取得更加和諧、令人愉悅的結果。了解自己的行為履歷，是了解自己反應的關鍵，有助於滿足自己與他人的需求。

了解行為履歷也會影響銷售與服務。我們應該要致力於提供最好的客戶服務，並可以透過了解客戶的個人行為履歷來做到這一點。運用這個知識來客製化適合他們的服務。比方說，我們會看出客戶步調較緩慢，並且詢問許多關於產品的問題；或者他們可能是明確知道自己需要什麼的人，不想要只是站著談話。如果我們明白這就是他們的行事風格，那麼就能依此來滿足他們的需求。

是什麼讓你成為「你」

為了回答這個問題，我們必須先開始研究，在各種情況下我們可能會有什麼行為模式。DISC個人行為分析會幫助我們進行這項研究。

回溯到西元一九二八年，美國心理學家威廉．莫爾頓．馬斯頓（William Moulton Marston）發展出一個以四種行為特徵為中心的理論：支配型（Dominance）、誘導型（Inducement）、順從型（Submission）與謹慎型（Compliance）。他在《常人的情緒》（*Emotions of Normal People*）一書中，提到了這項研究。（他的另一本著作為《神力女超人》〔*Wonder Woman*〕，但那就是另外一回事了。）幾年後，美國工業心理學家沃爾特．克拉克（Walter V. Clarke）使用馬斯頓的理論，發展出ＤＩＳＣ人格測驗。自那時起，許多機構採用了ＤＩＳＣ人格測驗，以因應時代或不同情況。我在自己的作品中，使用了自己改編過的克拉克理論模式，客制化成符合我的客戶與當今世界的版本。

為什麼行為履歷很重要？

了解我們為何與如何在不同情況下、與不同人之間表現出不同行為，有助於我們管理自己的行為舉止，並建立更加良好的關係。如果能夠辨別出對方的行為履歷，你就會知道要如何讓他們放輕鬆，並幫助他們在與你合作的時候，達成好的成果。DISC個人行為分析也能幫助我們更加了解自己。

透過完成這個章節裡的DISC個人行為分析，你將會更加了解在各種情況下，你可能會做出什麼反應。因此，它也將有助於讓結果對你和他人都有利。

無論你是哪一種行事風格都沒關係，這並沒有好壞對錯。不管是DISC的哪一種類別，都是最適合你的那一種。

根據不同行為履歷的選擇合適的工作

你越了解自己的身分與自己的優點何在，就越容易選擇你能勝任並讓你感到快樂的工作。我們與許多招募機構合作，使用DISC個人行為測驗，來幫助他們招募到合適的人選，同時協助求職者找到能有出色表現、也感覺舒服自在的工作領域，那就會符合他們的行事風格。我們發現，適材適用能夠節省商業資金，降低挫折感，並免去數十個小時的諮詢與額外的培訓。

DISC個人行為測驗

這份問卷有二十三組問題，每組問題有四個敘述。把每一組問題中，**最**符合你的那項敘述旁的數字圈起來。只需要花你五到七分鐘。不要拖延！

DISC 個人行為測驗表

A	我有點害羞。	1
	我比較果斷大膽。	2
	我喜歡主導，個性鮮明。	3
	大家都覺得我很可靠。	4
B	我不喜歡批評。	1
	我不輕易放棄。	2
	我喜歡找樂子。	3
	我喜歡幫助別人。	4
C	我比較謹慎。	1
	我是個很有決心的人。	2
	我擅長説服別人。	3
	我是個友善的人。	4
D	我遵守規定。	1
	我向來都很願意嘗試。	2
	我很有魅力。	3
	忠誠是我的優點之一。	4
E	我不喜歡爭論。	1
	我是目標取向的人。	2
	大家都説我很活潑。	3
	我隨時都有空。	4
F	我是完美主義者。	1
	我經常提出很有創意的點子。	2
	我很有説服力。	3
	我認為自己是個溫柔的人。	4

G	我有寬容的生活態度。	1
	我比較鐵口直言。	2
	我對自己有信心。	3
	大家都說我很有同情心。	4
H	我喜歡事情明確精確。	1
	我有時候會不耐煩。	2
	我喜歡開玩笑。	3
	我不是很有自信。	4
I	我尊重長輩與權威人士。	1
	我總是願意冒險，嘗試新事物。	2
	我相信事情一切都會順利。	3
	我總是願意幫助他人。	4
J	我做事縝密。	1
	我是結果取向的人。	2
	我總是心情愉悅。	3
	我會傾聽別人說話。	4
K	我會堅持不懈，直到得到我想要的。	1
	我意志堅強。	2
	我很健談，喜歡和人相處。	3
	我是很好的傾聽者。	4
L	我很有邏輯。	1
	我很享受比賽。	2
	我不太重視生活。	3
	我總是體諒他人。	4

M	大家都敬重我。	1
	曾經有人說我個性強硬。	2
	我很有想像力。	3
	我是個善良的人。	4
N	我聽命行事。	1
	我不會因為別人而感到低落。	2
	我喜歡玩樂。	3
	我偏好乾淨整齊。	4
O	我總是願意遵守命令。	1
	我不容易被嚇到。	2
	大家認為我的陪伴很有鼓舞力。	3
	我是個冷靜的人。	4
P	我很會批判。	1
	我喜歡良性的爭論。	2
	我總是樂觀看待生活。	3
	我隨時準備好改變想法。	4
Q	我喜歡平靜安寧。	1
	我喜歡變化。	2
	我的態度非常積極。	3
	我很信任別人。	4
R	我是個明智、不極端的人。	1
	我能快速做出決定。	2
	我能接受別人的想法。	3
	我認為禮貌很重要。	4

S	我偏好獨自工作。	1
	說話算話。	2
	我跟任何人都處得來。	3
	我滿敏感的。	4
T	我的想法較為保守。	1
	我偏好主宰一切。	2
	我喜歡跟人聊天。	3
	我喜歡一對一的工作。	4
U	我喜歡謹慎處理事情。	1
	我非常大膽。	2
	我很衝動。	3
	我願意取悅別人。	4
V	我喜歡做正確的作為。	1
	我覺得很難放鬆。	2
	我朋友圈很廣。	3
	我喜歡幫助別人。	4
W	我很少提高音量。	1
	我是個非常自給自足的人。	2
	我是個很會交際的人。	3
	我很有耐心。	4

把個人分數加總在這裡

你圈了幾個 1 ？		＝	**C**
你圈了幾個 2 ？		＝	**D**
你圈了幾個 3 ？		＝	**I**
你圈了幾個 4 ？		＝	**S**
確保你的總數為 23	**總數** →		

馬斯頓的用語是支配型（Dominance）、誘導型（Inducement）、順從型（Submission）與謹慎型（Compliance）。

我的用語是：
指導型（Directing）
影響型（Influencing）
穩定型（Stabilising）
服從型（Complying）

哪個字母你得分最高？
（勾選一個）

D		＝	指導型（Directing）
I		＝	影響型（Influencing）
S		＝	穩定型（Stabilising）
C		＝	服從型（Complying）

我屬於＿＿＿＿＿＿＿＿＿＿＿＿＿＿行為風格。

現在，你一定對這一切代表著什麼，有很多的疑問。請繼續閱讀本章節，最後會把所有資訊全部匯整在一起，有助於你更加能夠掌握溝通技巧。

要是四種類型的得分都低於10，那就表示你有很多優點，但也有許多缺點。能意識到這點非常重要：你需要確保在每種情況下，都選擇了正確的行為風格，以確保能有最好的測驗成效。要是在任一種類型達到高分（超過10分），以下的資訊就適用於你，請仔細閱讀。如果在相對兩個字母的結果很類似（比如D和S，或C和I），只有一個會是自然的行為風格。若要了解你的自然風格是哪一種，請回想一下小時候的自己。你是喜歡主導、果斷、質疑，還是害羞的呢？

我們都會經過學習而學會不同的行為風格。比方說，小時候我總是到處跑來跑去，盡情嬉鬧玩樂。到了今天，我還是喜歡玩樂，但我的「D型（指導型）人格」已經成形，我必須管理好事業，才不至於拖延過久。在銀行工作、成為全澳洲業務冠軍的時候，我的「I型（影響型）人格」就出現了，但同時也因為進入銀行法律層面所需遵循的文書作業程序，我的「C型（服從型）人格」浮出了檯面。反思與決斷今日自己所需的技能，對於如何能增強或發展這些技能相當有效。

對照你的行為履歷象限

現在請找出自己屬於哪個象限的類型，並了解其所代表的含意。（見下圖）

就連動物也能被歸在不同的行為履歷類型裡。在下頁的圖表中，每個象限都有一張鳥類的圖片。

了解以下的資訊將有助於你建立更好的溝通模式、有更好銷售成績與服務品質，並成為溝通好手。想要創造雙贏局面，而非每次討論到最後都在原地不動嗎？想

任務取向			人際取向
	指導型（Directing）	影響型（Influencing）	
	服從型（Complying）	穩定型（Stabilising）	

▲ 行為履歷象限

行動派
果決、行動快速
任務取向
人際取向
指導型
(Directing)
果斷、堅定、有動力
影響型
(Influencing)
有創意、獨立、互動多
服從型
(Complying)
好奇、順從、保守
穩定型
(Stabilising)
穩定、有系統的
保守派
安靜、行動緩慢

▲ 行為履歷分類

要不再有挫折，或者歇斯底里地大吼，不想再和對方說話，或者讓別人覺得你很難搞，或者你覺得他們很難搞嗎？

請記住，要是你們雙方都不知道彼此地中間點在哪，那麼就無法妥協。

D型（指導型）請翻到第一一二頁
I型（影響型）請翻到第一二〇頁
S型（穩定型）請翻到第一二八頁
C型（服從型）請翻到第一三六頁

先了解自己，然後認識其他風格及該如何與他們溝通，並創造一個不以自我為中心的公平競爭環境。好好練習這件事，就好像你的未來發展取決於你是否是個溝通好手。相信我，確實是如此。

指導型人格：果斷、斷定、有行動力

指導型的人喜歡比賽競爭、為問題找出解決辦法，以及處理艱難的情況。他們容易受到成功激勵鼓舞，並享受挑戰。喜歡承擔責任，在籌碼不佳時仍能表現出色。尊重權威，樂於努力不懈，直到問題被解決為止。

跟人打交道的時候，他們很簡潔、直接、講重點，注重任務與結果。大家有時候會覺得他們很愛諷刺、喜歡支配別人。因此他們常常在無意識的情況下傷害到別人。他們不會懷恨在心，但因為天性火爆，周遭的人可能會因此對他們心懷怨恨。自認別人相當尊重敬仰他們，喜歡成為目光焦點，也會回應他人的阿諛奉承，很以自我為中心。

由於他們喜歡主宰一切與解決問題，就

▲指導型（D 型）行為風格

可能會為了達成目標而藐視他人，而顯得咄咄逼人。他們是任務取向的人，所以很可能會過度批判，或者在未符合他們標準的情況下吹毛求疵。

他們偏好不斷變化的環境。要是沒了挑戰，可能就會對那項專案失去興趣。他們擁有許多興趣，願意承擔風險，也可能很魯莽。他們是好奇寶寶，喜歡冒險，也願意嘗試任何新事物。他們渴望也享受職涯發展帶來的挑戰。有時候可能會因為太過沒耐心，而越過權威以達成目標。

指導型的人可能會為了盡可能要在某個專案裡爭取多方面參與的機會，而同時進行太多事情。由於天生較易感到焦躁不安，他們會不斷尋求新視野。為了達成目標，他們願意執行縝密的工作，只要不是重複、毫無變化的差事即可。

在職涯早期，他們可能會因為缺乏耐心與好戰而經常換工作。為了完成工作或提升地位，可能會超越自己的職權。他們執著必須先看到眼前的目標，並且希望努力能被看見。

就積極面而言，這種行為風格能促使人往實現目標的方向前進，幫助他人達成成果，並承擔決策的責任。指導型的人熱愛討論，他們通常都能自給自足，是刻苦耐勞的個人主義者。他們對不尋常與冒險的事物感興趣。常保好奇心，通常興趣也很廣泛，幾乎願意嘗試任何事，是做事主動的人。

他們通常足智多謀，並能夠快速融入各種情況。

藉著積極的行為，有動力實現目標與幫助他人，指導型的人勢不可擋。

老鷹（D型（指導型））：老鷹並非害羞的鳥類。牠們是目標取向，會迅速做出決定，以追求目標並取得成果。牠們的溝通是直接且快速，經常會有侵略的傾向。你是隻老鷹嗎？

學會有耐心，不打斷他人

指導型的人有時候需要更有耐心，學習如何不打斷他人。你以為自己知道別人要說什麼，但情況並不總是如此。花點時間衡量一下，你用火箭般的速度做出的決定可能會造成的骨牌效應。身為絕佳的專案領導人，你相信自己的直覺，但請花點時間詳細說明團隊在專案中的角色。

要是在「D型（指導型）」的區域獲得了10分或更高分，就代表你更接近下列的描述，也表示你擁有高度的「D型（指導型）」行為風格。

高度「D 型（指導型）」行為履歷的優缺點

D 型（指導型）	
優點	**缺點**
自信	傲慢
堅定	專制
競爭力強	難搞強勢
獨立	難以親近
結果取向	過於直接
有警覺心	急躁
果斷大膽	攻擊性強
欲望隨時會改變	不擅傾聽
意志堅強	專橫跋扈
有條有理	愛挖苦人
擅長解決問題	自負
能承擔風險	批判性強
有紀律	直言不諱
喜歡發表意見	愛打斷別人
足智多謀	魯莽
愛冒險	不易滿足
專案領導人	要求嚴格
創新	獨裁
領導者	喋喋不休

指導型的人要如何改進自己的表現？

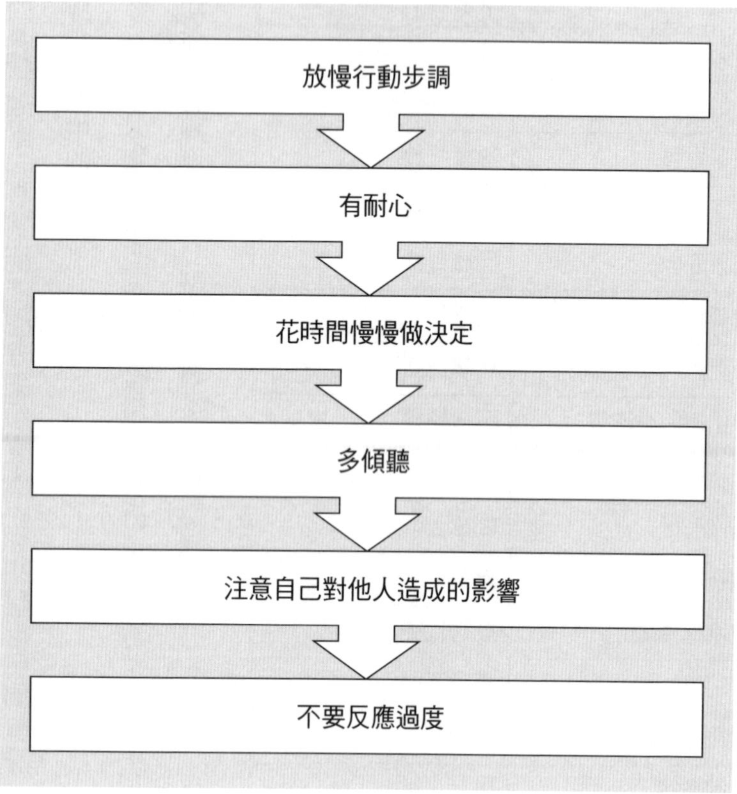

如何與指導型的人溝通

- 以解決辦法為核心，創造雙贏局面。
- 講重點，直接扼要。
- 注重在任務。
- 以目標為取向。
- 有邏輯，講求事實與數據。
- 不情緒化。
- 不試圖主導。

指導型的人做決定非常快速，所以要在擁有效方法時再來找他們討論。

適合指導型人格的工作

「D型（指導型）」的人注重行動與取得成果。他們會自然而然地受到具有權力的職位吸引，追求能夠掌控自己與他人的職業。比方說：

- 總裁或執行長
- 軍人
- 企業家
- 開發人員
- 政治人物
- 行政人員
- 總承包商
- 律師
- 警察
- 高階經理
- 管理長
- 執法人員

對指導型的人而言，最好是能擔任創新者與領導者。在最糟的情況下，他們可能會變得喋喋不休，或甚至是成為獨裁者。

與指導型的人共事

無論是哪一種DISC個人行為履歷，在和指導型的人打交道的時候，請直來直往，他們會很高興認識你。指導型的人會在有需要的時候來找你，並且會希望儘快得到回應。

指導型人格的行為履歷

- 節奏快、直言不諱、直接、武斷、自信、大膽：甚至經常太過於直接。
- 以嚴肅的態度提問與懷疑。
- 行動快速果斷，渴望立刻看到成果。
- 對太多細節會感到不耐煩。
- 不太可能立刻接受別人的意見。
- 不害怕表達己見，會直率地提出異議。
- 想要明確知道能從產品中獲得什麼。

- 對冗長且詳實的演講或討論不感興趣。
- 經常明確知道自己想要什麼，並能快速打定主意。
- 經常冒險。
- 經常抱持「主導」態度，讓自己主導談話。

影響型人格：有創意、獨立、互動多

影響型的人友善、外向、有說服力。他們容易與人相處融洽，非常正面積極，也很有自信。他們通常很樂觀，也比較能以正面態度看待各種情況。他們願意幫助別人，就像推動自己推動專案那般積極。由於天生樂

▲ 影響型（I 型）行為風格

於助人，有可能會因此忽視自己的業務目標。大家都會很自然地回應他們，也會參加社交活動的組織。

他們通常以人為本，對於別人的問題、興趣和活動都感興趣。能夠在初次見面就和你以名字相稱，用一生情誼的溫暖和你變得親近。他們會聲稱自己認識的人很多，可能會因此記不得名字。

因為想要取得雙贏的結果，影響型的人往往會被認為很表面膚淺。他們在沒有他人提醒的情況下，會在辯論中改變自己的立場而不自知。

影響型的人會過早下定論。他們可能會衝動行事，根據表淺的分析就下決定。他們天生就很信任他人，也可能會誤判別人的能力。覺得自己可以說服、激勵別人去做出他們想要的行為。

媒體、公關和推廣自然是他們努力的領域。由於不願意打亂友好的社會局勢，他們在管理下屬方面可能會遇到困難，偏好激勵下屬讓他們做出改變。

孔雀（I型（影響型））：孔雀很容易被看見，因為牠們喜歡成為目光焦點。孔雀製造驚喜、混亂與噪音。牠們喜歡自由，做自己想做的事，也是好奇的生物，不介意挑戰。牠們樂於展示，喜歡被鏡頭捕捉。這聽起來像你嗎？

學會放慢速度，多傾聽

有時候影響型的人必須要放慢一點速度，多傾聽，不要一直想著下一件要說的事。他們需要明白，並非每個情況都跟他們有關。不過，他們熱愛人群，也樂於助人。

要是在「I型（影響型）」的區域獲得了10分或更高分，就代表你更接近下列的描述，也表示你擁有高度的「I型（影響型）」行為風格。

高度「I 型（影響型）」行為履歷的優缺點

I 型（影響型）	
優點	缺點
友善	表面
外向	膚淺
正面積極	不一致
自信	過早下定論
信任他人	衝動
激勵人心	話太多
領導者	太快速
以人為本	避免細節
擅長社交	不擅傾聽
啟發靈感	誇張
熱心	缺乏持續力
樂觀	不真實
有說服力	愛操縱人
熱情	雜亂無章
振奮人心	虛榮
喜歡找樂子	輕浮
愛說話	囉嗦：誇大其辭
富有想像力	缺乏紀律
感性	過於情緒化
擅長談判	動機取向
獨立	以自我為中心
能有創意地解決問題	吵鬧

影響型的人要如何改進自己的表現？

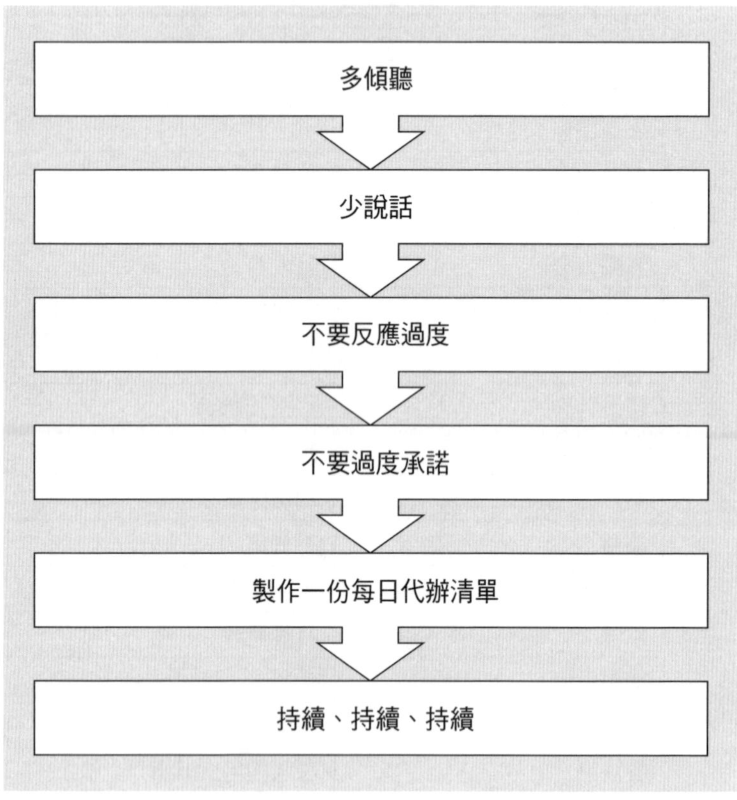

如何與指導型的人溝通

- 留點時間與人交際。
- 放輕鬆、好好玩樂。
- 詢問感受和想法。
- 肢體接觸（手臂和後背）。
- 打造友善環境。
- 保持友善溫暖，不忽視他人。
- 留點時間聊天。
- 讓他／她說話。
- 讚賞表揚。
- 談論人群和感受。

適合影響型人格的工作

影響型的人注重溝通與人群。他們天生擅長，也自然而然地會受到能對人產生最大影響力的職位吸引，追求能夠與人交際並獲得正面回饋的職業。比方說：

- 公關
- 記者
- 娛樂總監
- 拍賣家
- 藝人
- 演講人
- 銷售人員
- 教練／導師
- 專業主持人
- 脫口秀主持人
- 美容師
- 傳道者或牧師

對影響型的人而言，最好的是擔任促成變化的人、夢想家與激勵者。在最糟的情況下，他們可能只會吹牛跟討論八卦。

與影響型的人共事

無論是哪一種 DISC 個人行為履歷，在和影響型的人共事的時候，請開心微笑。你會發現，這樣會很容易能跟他們交談與共事。我最喜歡的就是「I型（影響型）」客戶，因為他們會讓我知道他們想要什麼，以及要拿來做什麼用。他們會對我說的內容感興趣，對新的點子也都會抱持開放的態度。

影響型人格的行為履歷

- 節奏快、直言不諱、接受度高、溫暖、喜歡主導討論。
- 外向、樂觀、有活力。
- 不需要催促，就會表達自己的感受與想法。
- 對於需求很快就能打開心門。
- 對太多細節不感興趣。
- 會詢問產品或服務對他人會有什麼影響。

- 非常熱情、擅交際、熱衷於與他人互動：將此視為與銷售人員建立個人關係的機會。
- 對你正在進行或與銷售的產品無關的閒聊特別感興趣。
- 對營造友好輕鬆的氛圍感興趣。
- 經常要人往好處想，並體諒他們的感受。
- 依賴直覺。
- 熱衷於嘗試新點子。

穩定型人格：親切、穩定、按部就班

穩定型的人通常很親切、和藹與隨和好相處。他們是很好的傾聽者，喜歡有始有終。他們個性冷靜且穩定，不太可能爆發或被激怒。穩定型的人可能會隱藏不滿的情緒，並且懷恨在心。

他們顯得容易滿足、較有耐心，也很放鬆。他們很可靠，願意幫助自認是朋友的人。

他們不喜歡突如其來的變化，寧願維持現況。一旦處於按部就班、既定的工作模式，他們就有無止盡的耐心可以照著做。

他們喜歡和客戶與同事建立密切的關係，對工作群組、社團，尤其是家人，會發展出強烈的占有慾與依戀。他們與家人關係深厚，長時間跟家人分離的時候會感到不舒服。

保守派
安靜、行動緩慢
人際取向
穩定型
（Stabilising）
穩定、有系統的

▲ 穩定型（S 型）行為風格

穩定型的人喜歡規畫與系統化地整理自己、組織自己的工作模式與團隊成員。他們行事澈底可靠，與團隊成員共事都能運作順利，也能以輕鬆步調好好協調。

管理人員的時候，他們會遵循已規畫好、慣例的方法，使用支持性、參與性、程序性和組織性並存的風格來建立信任感。他們會在有利的情況下，表現出被動行為，並在完成特定領域的任務時保持穩定，以維持現狀。

鴿子（S型〔穩定型〕）：鴿子很好預測，甚至是易馴服的。鴿子終生都保持同一配偶；除非是被迫，否則牠們並不特別喜歡改變或變動，這種時候牠們甚至可能會覺得哀傷。牠們的能量水平比老鷹和孔雀低，也較平靜，牠們很有幫助，能好好照顧家人與團隊。你是否和鴿子一起工作？

學會控制情緒，分享感受

穩定型的人比較重感情，所以學習控制好情緒，並把感受分享出來很重要。變化不斷地發生，有時候可能會讓人備感壓力，但請記住，改變會帶來新的成長機會。我們可愛的穩定型朋友們很安靜也很冷靜，但有時候仍然過於堅持固執。

要是在「S型（穩定型）」的區域獲得了10分或更高分，就代表你更接近下列的描述，也表示你擁有高度的「S型（穩定型）」行為風格。

高度「S 型（穩定型）」行為履歷的優缺點

S 型（穩定型）	
優點	缺點
穩定	容易記仇
善良	固執
和藹可親	隱藏不滿
隨和好相處	情緒化
有系統的	不負責任
穩定	注重問題
支持度高	缺乏後續追蹤
遵循程序	悲觀
安靜	很少主動
有耐心	有時候太安靜
適合團隊合作	避免發生衝突
樂於助人、友善	缺乏自信
真誠	易浪費時間
擅長傾聽	抗拒改變
可靠	沒自信
平易近人	墨守成規
冷靜	缺乏主動性
忠誠	占有慾強
很好合作	太好取悅

穩定型的人要如何改進自己的表現？

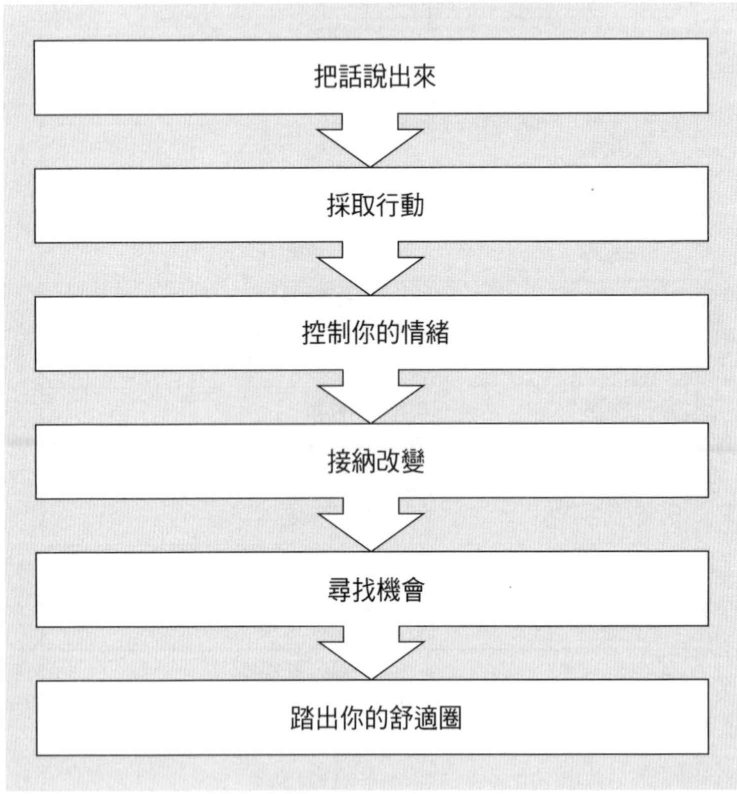

如何與穩定型的人溝通

- 保持耐心，建立信任。
- 讓他們說出想法。
- 有邏輯地提問。
- 放鬆，預留時間討論。
- 展現解決辦法能為他們帶來的好處。
- 明確定義所有區域。
- 讓他們參與規畫。
- 放慢講話速度。
- 提供他們需要的訊息。
- 逐步確認承諾。

適合穩定型人格的工作

「S型（穩定型）」的人注重關係與過程。他們會受到能遵循特定紀律的職位吸引，追求能夠參與團隊合作的職業。比方說：

- 金融顧問
- 保險經紀人
- 專業助理
- 社區服務主委
- 社會工作者
- 圖書館員
- 祕書
- 教師
- 家庭醫生
- 客戶服務代表
- 編輯
- 心理學家
- 護理師

對穩定型的人而言，最好是能擔任中間人與安定他人的角色。在最糟的情況下，他們可能會成為殉難者和受害者。

與穩定型的人共事

無論是哪一種DISC個人行為履歷，和穩定型的人共事的時候，請確保你先建立信任與關係。「S型（穩定型）」的客戶可能不會馬上做出決定，更可能會在離開後才開始思考，或者先跟其他人談論這項買賣。

穩定型人格的行為履歷

- 接納、溫暖、謹慎、省思。
- 適應力強、說話柔和、謙遜有禮、友善親切、步調有條不紊。
- 避免衝突或大量的意見分歧。
- 非常有耐心與細心的傾聽者：比起自身需求，他們通常對你要說的話更感興趣。請注意這一點，否則可能會遺漏重要的資訊。

- 需要完全確定決定是正確的，他們才會下決定。
- 小心謹慎、自我省思，有時候會在不情願下做出決策。
- 避免改變，對於採取新的行事方式會猶豫不決，所以請避免改變。
- 提出問題以釐清資訊。

服從型人格：好奇、順從、保守

服從型的人明確精準、有邏輯。為了要提高精準度，他們能適應任何狀況，以避免衝突與麻煩。他們遵循制訂的系統與規定，企圖成為完美主義者。要是沒有可以遵循的準則，他們就可能會自行設計，或在有機會的時候引進

保守派
安靜、行動緩慢
任務取向
服從型
（Complying）
好奇、順從、保守

▲服從型（C型）行為風格

準則。

雖然並未外顯出來，但他們很敏感，希望被讚賞，也很容易被他人所傷。他們會盡最大努力，達成別人對他們的期許。

由於他們謹慎保守，基本上不願意快速做出決定，寧願先確認過所有資訊。這可能會讓任何一位行動較快的同事感到挫折。不過，他們往往很精明，能抓住好時機，在正確的時候，做出正確的決定。

他們能夠將自己塑造成他們認為別人期望他們成為的樣子。他們會竭盡全力避免衝突，很少激怒他人。這些人需要掌握知識，在管理他人的時候會使用這些資訊。

他們努力實現無憂無慮的生活，並在私人生活與職涯中，都遵循一套有秩序的方法。他們是有系統的思想家與工作者，會以預定的方式行事。他們注重細節，通常會堅持使用過去曾經成功過的方法。

他們會試圖避免不利的情況，當處於這種狀況下，他們也會展現出這種態度。

貓頭鷹（C型（服從型））：貓頭鷹喜歡享受過程，牠們喜歡袖手旁觀。因為注重任務，牠們也喜歡創建並執行計畫。牠們喜歡問**是誰**？但也會問**為什麼**和**如果……**？貓頭鷹喜歡在幕後工作，而不像孔雀喜歡待在聚光燈下。大概只有十五％的人屬於這種類型。你是隻貓頭鷹嗎？

需要承擔風險，不過度分析

服從型的人有時候需要承擔計算過的風險，不要過度分析。

我們合作的每個「C型（服從型）」的人都會懷疑他們是否正確填寫個人行為測驗。他們可能是「S型（穩定型）」或「D型（指導型）」啊！不要過度分析：這是一種自我破壞的方式。

要是在「C型（服從型）」的區域獲得了10分或更高分，就代表你更接近下列的描述，也表示你擁有高度的「C型（服從型）」行為風格。

高度「C 型（服從型）」行為履歷的優缺點

C 型（服從型）	
優點	**缺點**
準確	害怕錯誤
遵循規定	過度批判
注重細節	看不見大局
有系統的	喜歡用書面的方式溝通
愛分析	不擅交際
冷靜	心存懷疑
善盡職責	不喜歡閒聊
保守	謹慎
可靠	擅長計算
有邏輯	沉悶
精準	害怕批評
完美主義者	挑剔
思慮周全	悲觀
嚴肅	憤世嫉俗、冷漠
有秩序	無趣
有耐心	愛拖延
行事徹底	迂腐
有持續力	固執

服從型的人要如何改進自己的表現？

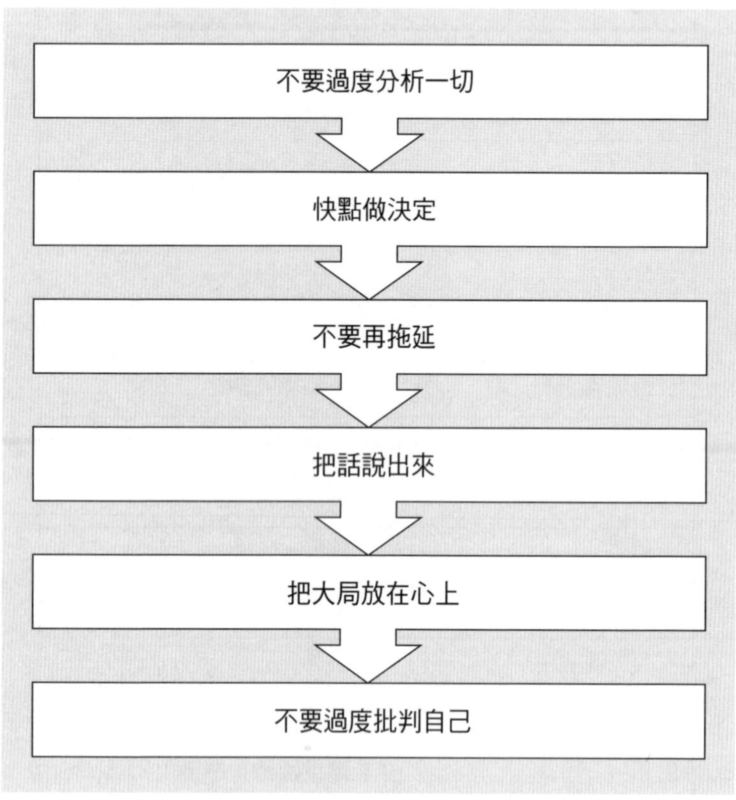

如何與服從型的人溝通

- 使用數據與事實。
- 檢視各方論點。
- 繼續執行任務，不要交際。
- 對事不對人。
- 注重品質。
- 避免使用新的解決辦法，而用成熟的想法。
- 不要有肢體接觸。
- 要有耐心，放慢速度。
- 不要談論個人私事。
- 仔細說明。

適合服從型人格的工作

「C型（服從型）」的人注重品質與精準度。他們會自然而然地受到能追求完美與合理性的職位吸引，追求能夠發揮精準度和創造力的職業。比方說：

- 電影或文學評論家
- 政治或氣象播報員
- 工程師／設計師
- 建築師
- 研究科學家
- 藝術家／雕塑家／工匠
- 數據分析師
- 發明家
- 電腦程式設計師
- 會計／審計員
- 外交官

對服從型的人而言，最好的是能擔任外交官、力求完美的專業人士與分析專家。

在最糟的情況下，他們可能會成為批評者和完美主義者。

與服從型的人共事

無論是哪一種DISC個人行為履歷，和服從型的人共事的時候，請確保你握有事實和數據，也許再加上一份可以讓他們帶走的資訊。「C型（服從型）」的客戶來找你時比較可能會購買一個附上所有資訊的產品。要是你知道自己有更好的產品，也掌握了事實和數據，那就是時候分享這些資訊了。

服從型人格的行為履歷

- 質疑、謹慎、省思，通常很保守、愛分析、有系統。
- 很少讓個人感受影響他們的購買決定。
- 不太可能相信你，相信產品本身比較好，而且會自己搜尋研究。
- 依靠邏輯，做出明智的選擇。
- 想要經過充分研究的數據、可靠的事實、眾多的例子，以及所有可得資訊的詳盡說明。

- 需要詢問許多有關產品的問題。
- 因為需要從各個角度考量資訊，會花好些時間才做出決定。
- 很少顯露出極大的熱情或興奮。
- 需要耐心與冷靜，來幫助他們做出承諾。
- 對於閒聊或個人問題感到不舒服。
- 要是銷售人員太快涉及個人隱私，會覺得像被操縱。
- 不靠情緒或直覺，而是靠客觀資訊來決定是否購買。

不同行為履歷的常見優點

優點

D 型（指導型）	I 型（影響型）
結果取向 擅長解決問題 負責 多產 決策者 專案領導人 競爭力強	領導者 富有想像力 擅談判 有說服力 能有創意地解決問題 激勵人心 正面積極
C 型（服從型）	**S 型（穩定型）**
有邏輯 遵循規定 精準 愛分析 注重細節 有條有理 有系統	忠誠 有耐心 穩定 適合團隊合作 可靠 遵循程序 樂於接受

不同行為履歷的常見特點

特點

D 型（指導型）	I 型（影響型）
固執 能承擔風險 獨立 有決心 果斷 喜歡發表意見 喜歡主導 雄心勃勃	信任他人 喜歡找樂子 友善 外向 熱情 樂觀 話很多 隨興
C 型（服從型）	**S 型（穩定型）**
冷靜 有邏輯 可靠 思慮周全 有耐心 嚴肅 心存懷疑 願意挑戰	隨和好相處 謙遜 安靜 擅長傾聽 用心奉獻 親切 平靜 有同情心

了解自己和他人的行為履歷，有助於我們更了解自己的溝通方式、我們在溝通中的所有優缺點，以及我們可以改進之處。

在團隊合作的情況下，指導型的人通常會想要馬上進行，影響型的人會想要一起進行，穩定型的人會希望大家都能很親切，服從型的人會想要確保做得正確。這也是他們會採取的領導風格：**馬上進行**、**一起進行**、**親切的團體合作**、**確保做得正確**。

意識到自己的風格與我們交談對象的身分，會為雙方帶來更正面積極的結果，並且能夠克服「我必須不惜一切代價獲勝」的方法。

人人都帶著行為履歷與人互動

你的行為履歷甚至可以透過你握手的方式顯現出來。我們都是帶著自己的行為履歷與他人初次見面。我們把自己的觀念、想法與問題帶入每一次的互動之中。請考量一下你與他人的ＤＩＳＣ個人行為履歷，對你們之間關鍵的前七秒鐘的互動會有什麼影響。你是否能讓他人感到放心，讓他們在離開的時候，對這次見面感覺良好？

在生活中的各個層面，我們都會立刻被與自己相似的人所吸引。對於你所遇到與共事的這些人，你該如何與他們相處？此刻才是你真正開始掌握溝通，並留下良好印象的時候。

在我處理與理解行為履歷的經驗裡，我越是發揮我的優點，我的工作就會變得越簡單有趣。但要是我不承認我的缺點（盲點）、不去做點什麼改變，那同樣的狀況就會不斷地發生。比方說，我是個相對高分的影響型，這表示我熱愛認識別人與參加活動。我也喜歡主題演講跟工作坊。身為高度「I型（影響型）」，時間管理與後續追蹤的能力就可能會是盲點。所以要是我不改進這些方面的問題，會議和演講就會容易遲到，讓別人備感壓力，也並非有意識地與雇用我或我雇用的人接觸。如果沒有加強後續追蹤，我就無法經營企業或擁有客戶，但許多與我合作的夥伴，都證實我的後續追蹤做得非常好。透過重視我的缺點，就能把它轉化成優點。這讓我能夠培訓他人的管理與溝通技巧。努力發揮我的優點與改進我的缺點，讓我在所有的事業中都達成最高的銷售額。

我相信我們的優點跟行為履歷是與生俱來的，也能從各種情況和環境當中，學習到優點與行為履歷。歷經艱辛的時候，承認自己的盲點並改進缺點，這會有助於我們造就自己從不知道的優點。

愛自己，並承認自己目前的狀態：你是一個很棒的人，為了改善生活，讓生活成為你想要的樣子，並往前跨了一大步。

當你認識了自己的行為履歷，就會開始了解自己的購物模式，你在遇到危機時會如何對待他人，以及你會如何應對緊張的狀況，這時的你正走在掌握溝通術的路上。你可以找適合自己行為履歷的工作、知道該如何對不同種類的人進行銷售、清楚如何為客戶與同事提供最大優惠。

最後一定要知道，了解我們的個人行為履歷是相當重要的，因為我們都能夠：

- 獲得成功。
- 研究我們喜歡的任何事物。
- 做我們喜歡的運動或嗜好。
- 感到快樂：這是一種心態。
- 彼此互愛。
- 親切待人。
- 樂於助人。
- 為對方著想。
- 創造雙贏局面。
- 要能對自己行為的後果有所意識。

實例分享

了解自己的行為履歷，化不可能為可能

我們的反應、作為或缺乏行動，都會影響我們的生活。一旦人們了解自己的身分，他們的生活就會開始產生正面積極的變化。而這正是發生在佩琪身上的事。

佩琪是完成我們「掌握溝通」課程的數千名學生的其中之一。她並不是自己要來的，而是因為參加課程就能繼續拿到政府的補助。她來上課的時候，我們以為她是十九或二十歲，但事實上她只有十七歲。而我們發現她選了一條艱辛的路走。

在課程中，學生們皆完成了這個章節中提及的 DISC 個人行為測驗。而用佩琪的話來說，「這改變了她的一生」。十七年來頭一次，她發現自己確實有許多強大的特質與能力。在那之前，她根本沒想過自己能做那麼多事。她發現無論好壞，一切都源自於她的行為。

我們認識佩琪的時候，她住在一棟分租的房子裡，其他五名室友全都失業，其中幾個還有吸毒的習慣。她跟父母失去聯繫，也不認為人生還有什麼希望。

透過她的行為履歷，了解自己的優缺點，佩琪開始有所自覺，明白自己才能掌握人生，要不要採取行動完全取決於她。發生的一切事物都是自己的責任，不是家人的，也不是室友的。她開始明白：「這就是我，我必須掌控，打造自己的想法與故事。」

她來找我們的時候，並不認為自己的人生需要改變。直到她找到自己的行為履歷，她才意識到自己能做些什麼、應該要做什麼。在那之前，她始終活在自己的缺點，而非優點之中，因而創造了許多自我破壞的故事，這樣她就不用改變，或努力打造一個更適合她居住的世界。她的想法與言語一起就成了她的人生故事。她的人生故事和她所作所為也定義了她的角色性格……一個失去親友、走在任性路途上的女孩。

使用「關鍵七秒」提供的所有技能，以及我們教導的建立關係與溝通方式，包括調整心態與DISC個人行為履歷，佩琪決定要找個工作。做出這個決定的一個星期之內，她就被兩份工作錄取，並且從分租的房子搬了出去，不再受其他五個室友的影響。她一旦開始工作，就也能力可以租下一間小公寓，讓她為此感到自豪。她跟母親重新建立了關係，上次佩琪和我談話時，也表明她開始再次和父親建立起良好的關係。她跟過去的室友們不再聯絡，現在也有了一小群親密的朋友，她正面積極而有意識地過著自己的人生。她吃得好，照顧自己的健康。她上了我們的四堂課程，不再是因為必須，而是因為她想要。

佩琪將她人生中各層面的變化，歸功於她開始察覺自己的行為、發揮她的優點而非缺點，以及自我掌控。她不再找藉口，而是承擔起責任。佩琪發展出成長心態。她發現不可能的事（impossible）（或像我喜歡把它稱為「我可能」（I'm possible））其實是有可能的，並能夠明確表明立場以示負責。

我們的培訓公司裡有許多轉型的故事，從高階執行長和他們的員工，到我們的大學生和高中畢業生都是如此。透過取得這些資訊，並且付諸實行，就能從各個層面來改善生活，以及你和家人、朋友、同事之間的關係。

不為自己找藉口，才能做出改變

今日大家都習慣找藉口與有責怪他人成癮的狀態。一旦我們學會負責任，並引領自己，我們的人生就會有所變化。這表示無論情況好壞，都能做出積極的回應。自從我開始研究積極的行為模式，我就能與世界各地所有不同行為履歷的人接觸與銷售。

當我意識到我能對自己和他人有何影響的時候，我坦然地面對，那時候我才意識到轉變確實發生了。能了解自己的優缺點是很棒的事，但真正重要的，是決定你要如何運用這些知識，才能為自己和他人做出真正的改變。成為你想要在生活中和世界上所看到的改變。

本章提供了足夠的資訊，讓你可以調整自己的語言和行為，對你的人際關係產生重大的影響。現在，既然你已經明白了自己的溝通方式，你會藉此機會和人見面，為工作和家庭創造更好的結果嗎？

做到這些，讓你交際雙贏

- 注意自己的感受和行為。在和對方見面握手時，不需要顯露出過度興奮、緊張或謹慎。
- 利用你對自己優點和行為的了解，打造良好的印象，這會導向雙贏的局面。
- 參加會議或社交活動的時候，請明白這和你或你的自尊無關，重點在於要能了解對方與找出他們的需求。
- 在各種情況下都能保持彈性與適應力，那你就永遠都會是贏家。

第4章

積極心態，造就成功

積極心態＋積極行動＝成功

我們可以在一秒鐘內，透過改變肢體語言，來改變自己的感受。如果你跟對方握手的時候覺得很緊張，請站直身子、抬起下巴、露出微笑，並看著他們的雙眼。你會覺得更有控制力，而對方也會認為你很有自信，會很高興能認識你。透過這些簡單的姿勢或臉部表情變化，你能夠平息緊張的神經。不過，想要讓它有持久的效果，你也必須真的相信自己是有自信的。如果只是改變自己的肢體語言，那麼很快就又會感到緊張或焦慮。我們必須更進一步，要能持久地改變認知，我們需要積極地啟動自己的心態：也就是我們的信念，以及我們如何看待自己、他人或某種情況的方式。

我們可以改變心態，用以搭配我們的肢體語言：讓身心靈達成一致，以取得正面積極的結果。

想法會改變行為

我在銀行工作的時候，曾為銷售人員培訓肢體語言、客戶服務與產品知識。我開始好奇，為什麼有些人接收了這些資訊後，立刻就能在工作上使用這些技能，但其他人卻需要花更長的時間，才明白這重點並非在他們自身，而是在客戶身上。這讓我更加密切地研究與觀察培訓課程中的人員，然後意識到這一切都和他們的心態有關。他們是用積極還是消極的心態來開始新的一天？他們思維模式又是如何呢？

如果你只是因為別人指正而站直身體，你其實並不會感到開心，也不想待在那裡，那麼這個動作就不會有快速且積極的成效。你並沒有改變你的人生故事。你這樣做只是因為別人要你這樣做，幾分鐘之內你又會再度感到垂頭喪氣。所以就算你了解了肢體語言，也學會該怎麼做，你可能還是會想：**這好蠢，我不想這樣做，這並不會讓我覺得比較好**。

你正在思考或說出負面消極事物時，就無法維持正面積極的肢體語言。你的笑容會消退，頭會低下來，肩膀會垂下來，能量也會發生變化。別人會注意到、也會知道有事發生了，而且這不是什麼好事。

有些人天生能量就低，他們不需要在屋子裡蹦蹦跳跳的，才能夠維持正面積極的心態。積極心態指的是，假如你是個文靜的人，那麼你可以告訴自己：「好，我撐得過去的。我可以做自己，只需要做一些小調整就好。」其他人天生能量水平就比較高。如果你是這類型的人，請時常注意周遭的人，因為你的行為對他們來說可能有時會顯得太過激動了：他們可能無法接受。請務必注意你的行為履歷，以及你能為別人做些什麼，讓他們能感到舒服自在。請總是保持警覺。比方說，不要因為你自己很興奮，就以為別人也會很興奮。

我最近在印度為一個大集團舉辦「關鍵七秒」工作坊的時候，遇到了一位名叫尼基爾（Nikkil）的男子。他年約四十幾歲，雖然看起來滿開朗的，但還是有一點悶悶不樂。我們在小組中談論到肢體語言，提到要保持開放與友善，就越容易讓別人接近我們。尼基爾說，他見到大家的時候，並沒有馬上就和他們建立關係，也對於工作坊裡練習見面打招呼的活動感到很緊張。我看著他和其他幾位參與者互動，然後帶著他到會議室裡的鏡面牆去。

我們一起站在鏡子前，我向他說明，無論我們對自己有什麼看法或說法，這都會成真。要是我覺得哀傷或疲累，那就會成真，就會成為我的感受，以及成為我的心態。我會改變肢體語言，肩膀前縮，變得垂頭喪氣。然後我告訴尼基爾，要是繼續有這樣的狀態，我真的會感到很疲累。我會失去精力，不會覺得太開心，接著就會相信自己真的一直感到疲倦和哀傷。

我觀察他的肢體語言，並告訴他：「如果你把肩膀往後拉，抬起下巴，給自己一個微笑，馬上就會覺得不一樣的。」

我看得出他沒辦法自然而然地微笑。他臉上沒有笑容。尼基爾猶豫著說：「你知道的，有些人笑起來並不是那麼有魅力。」接著，他露出了令人驚艷的笑容。一口美麗的白牙，眼睛笑得皺了起來，他的臉看起來相當可愛。工作坊小組的其中一員看著他說：「我的天啊，你的笑容棒呆了。」下一刻，小組內每個人都笑了。很快地，整個屋裡的每個人都笑了，接著我說：「看看四周。哪個人沒有魅力呢？大家都有。就算你掉了一顆牙，或者滿臉皺紋也沒關係：只要是真心的微笑，就很美。」

尼基爾說：「非常謝謝妳，讓我開口笑了。」他解釋在那刻之前，他從不覺得自己應該笑，每次跟別人見面，他都覺得很緊張害羞。現在他覺得不一樣了：他有了自信，知道自己能開口笑，也看到了別人對此的反應。他身體行為的變化，直接改變了他的心態與對自己的看法。透過觀察行為中的變化，可以看出肢體語言和心態之間的關聯。

在一天的開始，就給自己一個瘋狂愚蠢、能讓自己大笑的笑容，然後一整天都帶著這個笑容吧。那麼當你使用「關鍵七秒」的訣竅握手的時候，就能感到自信，笑容也會很迷人。看著鏡子中的自己露出微笑：看看你的臉如何變化，再注意你的感受如何變化。就如我之前所說，檢視頸部以上的自己。

我和烏干達（Uganda）一個村落裡的人一起工作。大多數的男性已經離開了這個村落，而且有許多女性死於愛滋病與子宮頸癌，工作環境也是在泥地裡，條件相當惡劣。但是村民們見到你的第一件事，就是給你一個大大的、真心的笑容。要是他們都能笑了，你和我自然也能。如果你覺得別人和你之間沒有連結，那就這樣試試看吧。

微笑對某些人來說很自然的事，而有些人會覺得很刻意。有些人望出窗外，會看到藍天豔陽，其他人則會注意到骯髒的小徑與在裂縫中枯萎的雜草。這完全取決於我們的心態。一旦理解四種主要的行為模式，我們就能理解許多人天生就比較悲觀。這些人因此不得不多花點力氣，才能轉換成正面積極的心態。

要是你的心態很消極，請不要讓它影響到與你見面或共事的人。對自己的行為和想法有所意識，會幫助你開始擺脫這種心態，並且能夠掌控自己的行為和想法。然後，你就能在關鍵的前七秒鐘內建立積極的關係。

如果你的杯子總是半空的（悲觀的看法），要怎麼樣才能讓它看起來是半滿（樂觀的看法）的呢？做點小調整會有幫助的。先試著說：「那個杯子是半滿的。」這聽起來可能太過簡單，但確實會有效果。把所有負面消極的語言都轉正。每當你有負面消極的想法，想想看：**這個想法的反面是什麼？它的積極面又是如何？**你可以用哪些相反的詞彙來轉正它？那些，才是你應該使用的詞彙。然後觀察自己的肢體語言，想想看：**今天我的身體在告訴我什麼？我該如何改變自己的姿勢和表情，才會覺得積極自信呢？**一旦了解了自己的心態，以及如何為了自己好而改變它，我們就更能夠體解他人，並且了解他們情緒的來源。

不過，抱持正面積極心態的我們，若遇上負面消極的人，會發生什麼事呢？在幾秒鐘之內，別人就能夠因為傳達了他們的感受而改變我們的心態，反之亦然。我們的大腦中有活躍的神經元，能讓我們感受到別人的感覺，同時我們也會傳遞感受給他人。我們必須能意識到自己對他人的反應、他人的感受與態度，我們才能夠掌控自己的心態。但若會因此感到低落，我們大可以不必和他人有相同感受。

當你帶著正面積極的心態參與會議，把注意力放在會議室裡，慢慢觀察在場每個人的心情。看看他們的行為履歷，及屋裡所發生的事。始終都要保持專業，隨時準備好調整自己的行為：才不至於在大家都很嚴肅的時候，你還嘻皮笑臉。注意當下的情況，確保自己的行為符合當時的氣氛。你還是可以做真實的自己，但同時以較恰當的方式行事。如果你本來就比較活潑，那就收斂一點；若你本來就比較內斂安靜，那就需要表現再大方一點。這都會有助於別人和你建立關係，大家也都會準備好進行一場富有成效的會議。

如果會議看起來苗頭不對，那就想想：**我要怎麼做才能改變結果，或者讓會議順利結束？**如果有個人對一切持反對意見，或者呈現的肢體語言都是傳達抗拒的訊息，那就停下來詢問：「有我能幫上忙的地方嗎？」仔細想想：他們真正需要的是什麼？你能為他們做些什麼？不要只想著這場會議你想要有什麼結果，也想想對方想要什麼。釐清使他們心態負面消極的原因，以及你能做什麼改變。

當有人感到負面的時候，可以用我之前提過的策略，來改變他的心情：拿起一枝筆、傳單、會議流程或一頁筆記，往前傾，指著紙上的某個東西和他討論。對方也必須將身子往前傾：這會改變他們的姿勢，可能就會改變他們在會議中的心態。讓他們參與其中，改變團隊的氛圍。

我們在會議中都有自己的議程，也應該要記得，對方也會有自己的議程。要是我們並未滿足他們的需求，就不會有雙贏的結果。如果不停下來問問題，雙方都不會取得想要的結果。不問問題可能會讓你忽視在會議中其他人的真正心態。

有正確心態才能達標

- 在顧及別人的心態之前，你需要先了解自己與自己的心態。
- 再來，了解對方：是什麼影響著他們的心態，以及他們想要什麼。透過關注對方，就應該能為大家帶來雙贏的結果。
- 正確的心態與你是否對自己和自己的行為負責，有著密不可分的關係。要是會議對你來說並不順利，那就想想自己的心態。你讓自己失望了嗎？或者反過來說，如果會議順利進行，擁有好的心態會如何幫助你達成目標？

- 你的表現態度是你的責任，快樂也只能由你自己選擇。你有能力把握住快樂或者棄之不理。
- 你掌握著自己的未來，不能因為過去的錯誤而責怪別人。
- 要明白，認為自己是對的，並不表示你永遠都是正確的。
- 我們都需要慢慢溝通，想想自己與他人的心態。

實例分享

放下自我意識，就能打開心門

有一位和我朋友共事的年輕女士，讀遍了關於心態與如何有正面轉變的知識。但她很掙扎，一部分是因為改變本來就是很難的事。同時，改變心態的過程中，她必須承認對過去各種情況的看法有可能並不正確，這很衝突。她不禁納悶著：**我一直以來以為的想法，為什麼在我對自己誠實之後，突然間就必須準備好要用另外一種方式去看待事物？**要是她對過去的情況有所誤解，那麼她想知道，現在的她又該如何相信自己的想法。這些問題令她匪夷所思，讓她對開放或改變心態帶來的可能性感到不滿。

透過置身事外，保持開放態度、接受回饋，你就能開始用不同的方式接受事物。試想一下：要是你知道怎麼做，但並沒有行動，那就不能算是真正的明白。這位年輕的女士，並不知道就是因為她不願意改變，而對自己造成了什麼損害。一旦放下自我意識，以及自己必須凡事都正確的這種感受，她就能打開心門，接受更加正面積極的心態，並且能夠把自己引導至想要的結果。我們需要支持、激勵、鼓舞與教育這位年輕女性和跟她一樣的人，幫助他們把負面消極的想法轉正。

有負面想法，先評估自己

我們的心態影響著生活的各個層面：我們的感受、與人互動的方式、與人見面打招呼的方式，以及工作的方式。

要是你開始對自己的工作有負面想法，那就停下來評估一下自己的心態。你認為是因為工作對你來說太難或太多嗎？或者你並沒有真的清楚自己在做什麼，或沒有合適的技能？要是你有這些念頭，就沒辦法把工作做好。你的心態會反映在現實中，你的肢體語言和非口頭的語言會開始變得消沉。你會開始失去信心，感到焦慮，甚至會生病，這全都是因為你的心態所致：也就是你的信念。

要是你開始有這種感受，停下來檢視生活中各方面發生了什麼事。你有好好吃飯嗎？有充分運動嗎？早上起床後有去散步或跑步了嗎？我們開始感到沮喪的時候，通常第一件會停止做的事情就是運動。運動的時候，我們會開始感覺比較好，也可以更清楚地看待事情。吃得不好或睡眠不足也會影響你的心態。如果沒有讓身體吸收好的養分，感受就會不好。焦慮的時候，要照顧好自己的身體，也要讓心情平靜下來。

如果你的工作出了狀況，請確切了解出錯的部分與原因。你也許沒辦法自己完成這件事，所以請找適當的對象協助：可能是你的經理或業務夥伴。也許你需要進修，如果你覺得自己主動提出要求，會讓你顯得很不稱職。如果你確實有這種感受，那麼請不要忘了，透過學習讓你變得更有能力後，你可以為大家改變現況：為了同事、客戶，特別是你自己。

要是事情真的不對勁，你就需要對自己和他人誠實。當你誠實以對，真正的轉變就會發生。

如果你目前的心態很負面消極，請認真看待這件事情，並找出原因。

問問自己

- 為什麼我有這種感受？
- 我該怎麼做，才能改善情況？

- 我喜歡我的工作，但如果開始對它有負面感受時，我該怎麼辦？
- 我生活中是否有另一個部分出了問題，但我有能力解決它嗎？
- 我要如何改變心態，才能明白自己是有能力的、可以再次喜歡上班呢？
- 我能夠獲得所需的支持嗎？跟你的經理、同事或朋友聊一聊。
- 暫時抽離你每天的生活，看看有沒有什麼事需要改變，以及哪些是就現實狀況而言可以改變的？
- 我是否照顧好自己的需求？
  ——我經常運動嗎？
  ——我吃的食物營養豐富嗎？
  ——我有充分的休息與放鬆嗎？

這些因素都會影響你的心態。

不靠外力，發自內心才能翻轉

身體和心靈是密不可分的：當大腦開始覺得負面的時候，請檢視你的身體狀態。抬起下巴，背部打直，展開笑容，就能很快地擺脫這種狀態。

仔細評估自己的感受，如果是負面的，那就把翻轉感受當作目標。比方說，從哀傷到快樂。要是沒有明顯理由地就感到哀傷，那請問自己：「我該做什麼才會覺得開心？」那並不代表，買了東西你就會開心。一部新車可能會讓你開心個好幾天或幾個月，但接著引擎也許會開始發出噪音，或者你可能會刮傷側邊門板，因此而感到更加不悅。外在因素並非讓你開心的真正關鍵：快樂必須發自內心，要明白如何調整自己的心態。但改變心態需要努力與投入。

利用領導語言調整心態

當你真的很緊張的時候，比如去面試一份你很想要的工作，你可能會試圖告訴自己不要緊張。不過沒有用，你還是很緊張。那是因為你告訴自己不要緊張的時候，就把自己跟「緊張」連接在一起了。

我們用語言說出不想要的東西時，這些事情就會發生。當你說：「我討厭蜘蛛」，你就會看到蜘蛛。當你說：「我可能不會得到這份工作」，就不會被錄用。

轉換你的語言，就能走在轉換結果的道路上。請使用另一種語言：我稱之為領導語言。你想要如何引領自己？試著告訴自己：

「我今天的面試會表現得很好。」

「今天的面試我已經做好準備。」

在腦海中說出這些話，甚至是大聲地說出這些話，都會激起正確的心態。你也應該用行動支持正確的心態。比如當你說：「我準備好面試了」，那是因為前一晚你燙好了衣服，也整理好文件。你不會有任何僥倖的心情：就連你的配件飾品、襪子或長襪都已經挑好，還包括清理了鞋子。然後你上床睡覺，清楚知道一切都在掌控之中。早上你準備出發，你的文件都放在資料夾裡，看起來神采奕奕。你已經盡了一切努力，為了能創造積極的成果。

心態就是做好準備：一切都在規畫之中。

你的身心都準備好了。事實上，現在你清楚地知道自己已經準備好面試了。你不是在開玩笑。大家都說：「成功之前，先假裝一下」，但我說：「相信，你就會成功」。相信你已經準備好了，也把一切準備好，那麼你當然**就會**準備好了。

現在，回到那場重要的求職面試：在走進去之前，請集中精神，好讓你只想著即將和你見面的人，而不會想到任何其他的事。讓自己處於「致勝心態」裡。走進去的時候，你知道自己做足了功課，也準備好接受面試，了解自己即將見面的對象，清楚你想要的是什麼樣的結果，以及他們想要的什麼樣的結果。你，就是這份工作的最佳人選。

一張紙，把思考轉負為正

許多人面對狀況發生時會無法正面思考：我們每個人有時候都會如此。當我的客戶遇到這個問題，我會請他們在一張紙的左側，寫下所有負面問題，然後在右側寫下與負面問題相反的一切，以創造積極的成果。一旦人們經歷這個過程，就更容易解決問題，而非只是發現問題，並且能轉負為正。每個人對自己的問題其實都有答案：我們只是需要先探究一下，然後對自己的情況誠實以對。自己試試看吧。

請寫下負面想法，然後轉換成正面想法

負面想法	正面想法
我今天累到沒辦法運動	我今天會運動，因為它會讓我有活力，也讓我身體健康

另一個好方法是，在年底的時候，寫一封信給自己。寫下所有你希望在下一年發生的事。至少寫下三件事，然後把這封信寫得就好像這些事已經發生了一樣。

比方說，我可能會在十二月二十二日寫下：

我喜歡我們新蓋的房子，我喜歡在三個新去的國家，跟十位新客戶合作，而我們為烏干達村落創建的教育計畫，對村民的健康、價值觀和微型企業來說，都相當成功。

或者你可以寫：

我的「關鍵七秒」讓我簽下了許多超過一百萬元的合約。我每天都對自己說許多肯定的話。六月的時候，我跟家人去夏威夷海灘度過了十天的美好假期。

讓信在十二個月後寄到，然後看看你這一年過得如何。你的潛意識是否讓你持續進步？你真心希望發生的事是否都寫在信裡了呢？

你的心態好壞會引發骨牌效應

問問自己，你如何更能夠意識到自己的行為或心態對周遭的人所造成的影響。你轉換心情的時候，請記得，這會對他人造成影響：你希望他們有什麼感受？你會發生一連串、可能是正面或負面的骨牌效應。要是你的感覺良好，那你周遭的人也會開始有同樣感受。

比方說，你去上班的時候可能感覺很好，但馬上就看到讓你不開心的事物，你的身體也會立刻表現出來，你的心態便產生了變化，同事會注意到你的心情變了。要是你看起來很擔憂，卻用愉快的語氣說：「大家好嗎？我很好」，那麼你周遭的人會覺得很困惑。他們會不知道發生了什麼事：現在情況是好是壞？那樣做會造成誤解。

有時候，辦公室裡的氣氛相當平靜友好，然後有個人一進來，不到幾分鐘的時間，氣氛就變得劍拔弩張；或者是經理進來，大家都不再說話，變得很緊繃。在我所合作的一家公司裡，有位管理人員只要一在辦公桌前坐下來，就會開始抱怨。你可以看到大家開始拱起肩膀、垂下頭來。就好像你看得到他們心裡的想法：**真希望他不要再抱怨了！**若想應付這種狀況，就不要讓那種心態影響自己。換個想法：**這是他們的選擇**。那個人選擇抱怨，而不是採取任何積極行動去改善狀況；他們選擇不去了解自己的行為，以及對他人所造成的影響；一切都跟他們有關。我跟這個人共事的時候，就必須記得：**我不需要參與他們的抱怨。事實上，我可以向他們反應，然後繼續做自己，用不著讓這個人影響我和改變我的心態**。

要是有客戶來到你店裡或辦公室，顯然對某些事不甚滿意，你也不用咬緊牙根，以為自己就要來場爭論了。你可以稍微歪頭，微笑著問：「有什麼我能幫忙的嗎？」或者「我們該怎麼做才好呢？」然後記得，這不是因為你被抨擊，重點在於你能做什麼，好讓這個人覺得好過一點。不要想著：**這一切都是衝著我來的**。事實上，事情的重點在於那位客戶身上。不要去承接他們的憤怒或情緒，因為那樣只會讓你感到低落。相反地，你要盡你所能地去幫助他們。這將會為你們雙方創造雙贏。你越常練習，就變得越容易。

實例分享

只要願意改變，就有正面迴響

我第三次去印度旅行的時候，跟一位很漂亮、口齒伶俐的旁遮普（Punjabi）朋友一起旅行了兩個禮拜。不管我們到哪裡，她都用一種活潑的方式發號施令。我開始注意到人們對她的命令有負面的反應。

一起旅行的第三天，我建議她在請求他人的時候，加上一個微笑，並且提醒她說「請」和「謝謝」，那樣會大有幫助。她很感興趣，也同意要改變自己的行為，看看結果會不會比較正面。

有一天，在吃早餐的時候，她傾身靠過來問我：「為什麼那些人都看著我笑呢？」我說：「因為妳也在笑，正面積極的肢體語言很有吸引力。妳現在是個大家都想靠近、也樂於服務的人。」

那個週末，我們參加了一場有許多富人和名人出席的大型社交聚會。我注意到我朋友很緊張，發現她不知道該怎麼表現自我。我們在外面聊了一會兒，我帶她了解「關鍵七秒」與積極心態的重要性。五分鐘後，她開始走運了。她看起來精力充沛、聰明伶俐，一切都在她的掌握之中。她到處認識陌生人、打招呼，並分享資訊。我從沒看過她如此有自信。那一晚對她來說相當成功，她也為自己的生意招攬了不少新客戶。

然後，我朋友把這些有意識的溝通技巧，帶回去運用在自己的伴侶關係裡。這些技能幫助她改善溝通，不再需要實事求是，並且能真正了解自己的伴侶。

處理「奧客」，就用BLAST法則

通常在我們的工作中，我們必須去考慮到許多不同的人格類型、行為履歷與心態。在處理客人投訴或難搞的對象時，我就會運用BLAST法則。

相信（Believe，**B**）（相信客戶／員工所說的，因為他們就是這樣相信的）
傾聽（Listen，**L**）（積極傾聽與提問）
行動（Action，**A**）（採取行動改正）
滿足（Satisfy，**S**）（再次確認客戶的滿意度）
感謝他們（Thank，**T**）

能得到回饋才是王道！一旦客戶滿意，下一步就是教導他們如何繼續前進。要是客戶誤解流程、弄錯了，他們通常會道歉，承認這可能是他們的錯。如此一來客戶會滔滔不絕地稱讚你，你也說到做到：提供絕佳的服務！

要是你發現自己的團隊有溝通障礙，那麼請舉辦團隊訓練的工作坊。那樣大家就都能了解彼此的行為履歷。否則，當態度相左的時候，最好能保持積極態度，你不必承受他們的負面態度。

如果你發現因為某人的態度問題而難以與其共事，請停下來重新評估。我們把責任歸咎於別人的那一刻起，自己就抱持著負面消極的心態了。那樣對你或其他人都沒有幫助，也可能讓你很難繼續和那個人合作。請記住，雖然他們可能態度消極，但你並不是如此。請保持專業；但這並不是說事情出錯的時候，你沒有權利抱怨，不過你應該意識到在你面前的人是誰，他們屬於哪一種行事風格？能處理好這種狀況，且有積極結果的最佳方法是什麼？別再讓這個人參與任務，然後專注在解決方案上。

用積極態度改寫人生

好事和壞事都會發生在好人身上，也會發生在壞人身上。人生就是如此。利用這些艱難的時刻，讓自己充滿力量。或許你並不是隨時都一清二楚，但有時候你不想要或沒預期會發生的事物，可能就代表著新的機會。比方說，你可能會因此而有更多的同理心或耐心。你也許會因為人生中曾經發生過的事，而更擅於幫助他人。壞事發生的時候，你會經歷悲傷的循環。但你不用讓它成為你的人生故事，我們可以改變這些故事。

通常人們即使經歷過悲傷或負面的事，依然能開心地生活。他們可能會為自己找到解套：**發生這樣的事代表我不適任這份工作**、**遇到這樣的事代表我不用老是當好人**、**因為這件事情你必須要好好照料我**。但發生的事情並不一定都是因你而起。你越是讓它與你**沒有關聯**，你的人生就更加輕鬆。

你想要讓自己陷在不太好的人生故事裡，或者為自己創造出積極的結果，都取決於你。意識到這一點，將為你打造一種以積極態度前進與生活的心態；運用自己的優點，就能培養出自我領導能力。

如何預防在職場上自我毀滅？

跟自我領導相反的詞，就是自我毀滅。意指你決定自己不會或不能掌控自己的行為與心態的時候：**不管事情有沒有發生，都是別人的錯，我無法掌控**。你認為自己不夠好，或者不像周遭的人那麼好的時候，也是一種自我毀滅。要是你有這種感受，那今天就是你該改變心態的時候了。在接下來的幾頁裡，我們會了解到自我毀滅的主要原因，以及如何對抗它們。

請把生活中不好的、負面的事物拋諸腦後，然後在一天開始之際，照照鏡子，給自己一個大大的微笑，告訴自己你很好。你是這個星球上獨一無二的存在，無可取代；你比蒙娜麗莎更有價值，你在這裡是有原因的。

不相信某件事

「我知道怎麼做是最好的。」

在我們不完全相信的狀態下，就不會有所行動。相信是需要根深柢固，否則你就不會有感覺，更不會採取行動。比方說，假設大家都告訴我，應該為公司架設網站，但我並不真的覺得我需要，所以並沒有做公司的網站。如果我相信這會有用，就會在一分鐘內改變想法。沒有網站，是否就是在自毀我的公司？我當然不這麼認為，但其他人可能不認同。我知道有網站的結果會是正面的，它有助於你和潛在客戶建立聯繫。但我看不見為公司設網站的結果，除非我能看見，否則我不會花時間設立。

我們很害怕

「我想要留在舒適圈。」

這表示我們太害怕行動了。有些人害怕成功，也害怕失敗。我們認為自己即將面臨舒適圈之外的狀況時，經常會退縮。我們必須改變心態，不用害怕。相反地，應該要充滿自信與勇氣。

害怕（FEAR）
面對（**F**ace）
一切（**E**verything）
然後（**A**nd）
挺身而出（**R**ise）

造成拖延症的原因

「我今天要做這件事，但首先我得……」

你知道怎麼回事：**我明天要做這件事，但現在先讓我坐下來，因為今天很忙。要是我不整理辦公桌，就沒辦法打後續的電話**。我會說：「不要再拖了！」先打電話，再整理辦公桌。就去做，不要再找藉口了，或者前一晚就先整理好辦公桌……開始有規畫就不會再拖延。我的建議是從早上開始，不要再想不能做某件事的理由了。前一天晚上先寫下計畫，然後隔天就可以快速執行。

不願意失敗

「要是失敗了，會怎麼樣？」

振作起來，重新開始吧。俗話說：「在哪裡跌倒，就在哪裡站起來」、「你也不是第一次受傷了，你並沒那麼脆弱。」你要說：「好吧，我會這樣做，因為我對這件事跟自己都有信心。」你還是得做足功課、檢視自己並盡力而為。要是在同一條街上已經有二十家咖啡店，你再開第二十一家，生意可能會不好。不要挖洞給自己跳，也不要期望自己失敗。要是只花一點功夫，根本不會在意失敗，那幹嘛要準備好失敗呢？反而應該要事先做足準備，再投入計畫，不顧一切，盡力做到最好。視其為生命，重新設定自己的心態。你想要某樣東西的時候，只要投入心力，猜猜會發生什麼事：你重視的事肯定會有所成長。

常過度分析事物

「這樣夠好嗎？」

有些人，特別是屬於C型（服從型）行為履歷的人，花了太多時間過度分析每件事：**我的履歷做得好嗎？我需要修改報告裡的這個東西。我不認為可以把這個寄給他們，因為……**過度分析有點像拖延症，你花了太多時間問自己：「準備好了嗎？」或者「這夠好了嗎？」只要你付出努力，盡力做到最好，那就去做。如果這是你盡力後能做到最好的樣子，那就這樣吧，不要再過度分析了。

一心多用

「我太忙了。」

一次做很多事情不一定總是有用。不要試圖在同一時間想把每件事都做得盡善盡美。儘管以前普遍認為能一心多用是很好的事，並不代表就該以它為目標。它只是另一種形式的自我毀滅。我們沒辦法一次就做好每件事，如果有規畫並逐步採取行動，就能做到每件事，一次只專心做一件事情，然後全力以赴。

認知會影響心態

心態與認知是息息相關的。你對一個人或一件事的認知會影響你的心態。它也會對你的行為有所影響。因此，找出你的認知和現實情況之間的差異相當重要。

有對夫妻已經結婚五十年了。每到週年紀念日，太太都會烤一種特別的麵包捲。麵包剛出爐還熱騰騰的時候，她就會把它切成兩半；麵包的上半部相當鬆軟，下半部卻很紮實，底部鋪有脆皮。太太會把兩半的麵包捲都塗上奶油，然後總是把口感鬆軟的上半部給先生，以為他會喜歡。她自己則會拿下半部。在他們五十週年紀念日當天，她心想：其實**我並不自私，但我真的很想嘗一次鬆軟的那一半。我有資格吃這一**

半，**我想要好的這一半**。雖然她心懷內疚，但還是把兩半都塗上了奶油，然後把底部那一半遞給她先生。先生卻說：「噢我的天啊。親愛的，妳把有脆皮、好吃的這一半給了我。整個麵包捲我最喜歡的就是這個部分，妳在我們五十週年紀念日這天把這一半給了我，我真有福氣。這真是太特別了，我肯定是做了什麼好事，才有資格吃這一半。」

這個故事的寓意，是你可能一輩子從來沒開口問過、卻以為自己知道別人要的是什麼，但有時候你的認知並不符合事實。這可能代表你一直在為別人犧牲，但其實根本不需要你的犧牲。溝通才是關鍵。

（如果我是故事裡的太太，我會先問先生想要哪一半。要是我們想要的是同一半，那我就會換個方式切麵包捲，讓我們兩人都能吃到不同口感的部位。）

你可能曾經聽過有人這麼說：「我總是得為他們這樣做。我厭倦為他們做這件事，但我必須這樣做。」他們的心態可能是，就算他們並不喜歡這樣做，也因為想要被當作是好人而這樣做；他們可能並不知道對方是否真的希望他們這樣做，很可能對方寧可他們別再這樣做，也不要想幫忙但又為此脾氣暴躁。更糟的是，你可能會想：**我為他們付出了那麼多，他們對我有所虧欠。**

其實沒有人欠你什麼。你應該以正確的心態去做任何事情，只做你和他人都真正想要的事。只因為你想做而做，不是為了讓誰感激你。

我的意思不是要你別做不想做的事，而是要用正確的心態去做。對自己誠實，不要讓他人有不好的感受，堅持下去，然後儘管去做。老歌《開心地吹口哨吧》（Whistle While You Work）就是個好例子，只要是讓我們自己和別人感覺良好的方法，說好或不好都行。（當然了，除非你有很好的理由，否則拒絕老闆可能不太好！）

我們誰都不想像個愛發牢騷的人：「噢，我老是最後一個下班的。」嗯，那就回家吧。看看你的工作進度，適度地修正便能及時完成工作，而非一直抱怨或拖了更長的時間。退後一步，看看自己、你的認知、你的行為，以及你的心態。那麼你就能改變自己或人生中你可以掌控的事。

在印度的那段時間裡，我聽說有一位偉大的印度教聖人曾說過，對大多數人來說，我們正常的心態包括了一定程度的瘋狂。考量到這一點，我就能理解為什麼好好溝通很重要，因為就算再理性的頭腦也能扭曲善意，或者以負面角度或不同的方式看待事物。

實例分享

建立關係前，先了解自己很重要

我在一場企業社交活動裡，認識一位如拚命三郎的女士，沒什麼事能讓她心情低落。她告訴我，她的父母有多麼支持她，父親又給她多少建議。他幫助她跨出舒適圈、嘗試新事物，並且相信自己。

大概四個月後，我在一場社交聚會認識了另一位女士，她告訴我，在她家裡成長是多麼辛苦的事。她的父親總是逼迫孩子，她從來不曾覺得自己夠好。

兩個月後，我發現她們兩人是親生姐妹。她們同父同母，從孩童到青少年時期的成長經歷都相同，但她們對童年與父親的看法，卻天差地遠。其中一人覺得爸爸的行為相當有鼓舞力，另一人卻認為他太咄咄逼人。其他的差別在於她們的心態與行為履歷。其中一人外向活潑，也喜歡她所認為，受到來自家裡的鼓勵；另一人則害羞安靜，認為她們是被逼迫的，因為她們並不夠好。

許多事物都會影響我們的心態：包括我們的認知和行為履歷。我相信，在我們能和自己與別人建立正面積極的關係之前，都必須先充分了解自己和自己的心態。

成長心態，讓你更強大

造成人們彼此誤解的一個主因，就是他們對現實的認知。這是在我們認識他人之前、在為價值百萬元的交易努力之前，以及在我們和他人握手之前，所認為的正確想法。抱持著成長心態，才得以開始積極溝通，並採取積極行動，才可能發生真實的變化。在別人成功的時候，擁抱挑戰，獲取靈感，同時也感到開心。從回饋和失敗中學習，這才是心靈教育真正起始之處。

要是你陷在定型心態裡，就會避免挑戰，容易放棄，忽視回饋，並且覺得受到他人威脅，那麼你就是在自我毀滅，並日在全球市場中小看了自己。現在，正是你做長遠計畫、做大事的時候。我不認為我們身在這個星球上，心眼和格局卻必須這麼狹小。我們必須明白，這個星球上沒有人和我們一模一樣。我們永遠無法被取代，這同樣適用於現在圍繞在你身邊的人，你在街上遇到的人，以及你所有的家人朋友。當我們開始把自己和他人視為不可取代的時候，就會有意識地察覺自己的行動、想法和所說的話。真正的變化也是在這時候發生的。要是你想要有很棒的感受，就得明白你其實更有價值，所以現在就得採取行動。你認為自己可以，你就可以做到；但要是你認為自己做不到，那當然就做不到：你早就先打敗了自己。

擁抱成長心態，找到自己的價值

成長心態的觀點
1. 我正在發揮作用
2. 我今天很感恩
3. 我可以做得到
4. 我每天都朝著目標採取行動
5. 我現在擁有一切我需要的
6. 我的想法和行動創造了積極的成果
7. 我選擇快樂
8. 我有意識地與他人溝通
9. 我要持續進修
10. 我對自己的行為負責

具有成長心態的人，會找尋他們與人接觸溝通時遇到的鴻溝，並且會找出有助於他們改進的機會與課程。

以「致勝心態」搭配「關鍵七秒」，就可以改變你在商場上與生活中，建立關係與溝通的方式。每天都有意識地抱持著積極的心態，可以改變你對自己的感受，以及別人對你的看法和感受。你的思想是你最強大的工具之一。好好運用它、充實它，今天就啟動它。

十步驟每天幫助自我領導

1. 不要再自我毀滅。
2. 每天對著鏡子微笑，知道你已經夠好了。這確實能夠改變人生。
3. 運用肢體語言的技巧，在一秒鐘內改變心態。
4. 看看別人最棒的優點，不要隨意評斷別人的動機。請注意，不要為別人的想法編故事。拿 Facebook 來舉例，你可能會想：**我在那個人的發文按了讚，但他卻**

沒有在我的發文按讚。但可能是他們根本沒有時間看，或者他們不小心忽略了你的發文，卻沒有意識到這對你來說是件大事。我們得停止在腦海裡編造可能並不真實的故事。不要假設任何事情，也請注意，你對情況的認知並不總是正確的。

5. 每天都對自己說正面積極的話，心懷感恩，不要再處處挑毛病。

6. 重新評估：好好檢視自己。適時停下來問問自己：「為什麼我有這種感受？」「我為什麼沒有安全感？」「我為什麼感到擔憂或沮喪？」深入探究，並找到問題的根源，這樣你才能盡一切可能地解決它。

7. 提醒自己你有多強大。你擁有自己思想的力量。沒有人能改變你的想法或感受。

8. 學會好好溝通。請對你的溝通表達有所意識。藉由觀看授權影片與閱讀勵志書籍，來強化你的心態。給自己力量，並採取行動實踐；學會溝通，假如你不善溝通，就想辦法克服。要為了成功，有意識地加強自己的心態。

9. 常保愉快。科學研究證實，快樂對健康有相當大的好處。快樂能促成健康的生活方式。它還能幫助對抗壓力，增強免疫系統，保護心臟，並減輕疼痛。它還可能延長你的壽命！要開心，就得採取行動。每個人的一生都有非常哀傷和痛苦的時刻，我們在經歷這些感受的時期，還是要選擇做一些能讓自己開心的事，這對我們和周遭的人來說，是很重要的事。

10. 寫出你的目的，把它貼在牆上。

第5章

這樣做，跨文化溝通不難也不失禮

微笑，是全球共通的語言

要是先做好功課，你的「關鍵七秒」在世界各地都適用。認識來自不同國家或文化的人時，請事先做好研究、觀察並提問，確保你握手的方式與所做的每件事，在文化上都是恰當與尊重對方的。那麼你就是朝著勝利的結果而去。

文化習俗與期望的差距非常大：和世界各地的人一起旅行與工作的樂趣之一，就是能了解這些差異。不過，不幸的是，這些差異有時候會導致衝突和誤解。口頭與非口頭的語言可能會引起混亂、誤解或冒犯。你的目標是要減少、甚至消除這些衝突和誤解。培養文化意識和情緒控管的能力，就是一種達成這個目標的方式。

建立跨文化關係與溝通的能力幫助我培養身為人的耐心與親切度，並改善了我的企業模式與我的認知。我喜歡了解世界各地不同的文化：態度、習俗、美食、笑容與服飾。我在七個不同國家工作，我的公司在美國獲得客戶服務、銷售與領導力培訓的國際獎項，並且因為我們的「人際意識框架」（Conscious Connection Framework）而獲得亞太（Asia Pacific）大賞。我在國際上代理客戶的產品：尋找海外買家，並對他們的產品進行研究，將其打入正確的目標市場，進行銷售。同時我在世界各地都舉辦了專業發展工作坊。所以說到跨文化溝通，我確實付諸實行。我同時意識到我也會犯錯，儘管我並不總是在當下就能察覺到這件事。不過，別人能看得出來你是否真誠，以及努力試著要做恰當的事或說恰當的話。我會和對方確認，以確保我的行為有文化敏感度（culturally sensitive），以及是否有我應該知道的事。比方說，彎腰鞠躬要彎得多低、該向誰鞠躬、該先跟誰握手，諸如此類的事情。

我剛開始創業、為我居住的陽光海岸地方議會打造和提供培訓課程的時候，議會正在研究如何培養與姐妹市中國廈門之間的關係。姐妹市的關係已經建立多年，但兩個城市之間並沒有任何的商業往來。為了給自己與廈門之間的教育與旅遊關係注入生機，陽光海岸議會邀請了十二位企業人士，加入前往中國的貿易代表團：而我也在受邀之列。在前往廈門接待處會見官員的公車上，我們被告知每個人都有十分鐘的時間，可以介紹自己的公司。這對我們來說很突然的事情，所以在等待上台前，每個人都快速寫下筆記，好好深呼吸，集中精神。

幸運的是，我在離開澳洲之前先做了功課：我穿著得體，也知道該對中國代表做什麼與說什麼，才能表達敬意。十分鐘的演講，還要包括翻譯的時間，其實並沒有那麼長。每次停下來等口譯員翻譯的時候，我會用這段時間環顧室內，觀察坐在前排的官員與後排的人，以及他們的肢體語言所帶給我的訊息。在那十分鐘的時間裡，我了解到許多有關這群人的資訊，也能夠對我所觀察到的一切作出回應。演講一結束，外交部與翻譯協會（Foreign Ministry and Translators Association）的負責人走過來，表示想要認識我。我們握手後，他問我是否願意在他們為數四百人的會議上演講，我表示我很樂意。

這次我做了更多關於翻譯協會的功課，根據他們的需求，準備了一場關於溝通的演講，並且讓聽眾都站起來活絡筋骨。我很喜歡，他們也很喜歡，隔年我再次受邀回去演講。自此之後，我每年都在他們的會議上演講，還被要求在上海成立一家軟實力（soft-skills）公司。

你聽過在海外從商有多麼困難的故事嗎？或者聽過你到另一個國家從商，要花很長的時間才能讓人們信任你，並建立關係的迷思？但，我在中國的第一筆生意，在抵達中國後兩天就談成功了。請先做好功課，尊重你即將合作的那個文化的人，不要相信迷思。

若你是第一次到國外出差，請了解所有的注意事項。研究了解所有關於這個國家的一切，文化、習俗與企業慣例，以及你即將拜訪的公司或協會。此外，要跟當地的人交談，徵求他們的建議。了解越多，你就越會做生意。我看過文化敏感度不夠的人所犯的錯，比如直言不諱地詢問不當的問題，在錯誤的時間點鞠躬，說話太大聲，或者批評當地的風俗習慣。

為了確保在前七秒鐘就留下恰當的印象，我研究了要如何著裝，在文化上才是能被接受的。需要穿多長的裙子？我需要遮住手臂還是頭部呢？可以穿鮮豔的顏色嗎？我希望能做到尊重他人的地步，才能夠立刻融入；我不想讓別人感到不舒服，也不想讓自己覺得格格不入。我希望能夠幫助或服務別人，讓他們在見面時能夠感到自在，這樣我們才能建立起良好的關係。

當然了，也不是你所做的功課就一定是正確的。我第一次去中國之前研究我該穿什麼樣的服裝：絕對不要穿黑色或白色，因為它們代表死亡。但我的第一場會議上，所有中國女性都穿著膝上裙，而且每個人都穿黑色跟白色的服裝！但至少我努力了，也穿著得體地參加商務會議。

跟不同文化和國家的人怎麼握手？

誰能和誰握手？你跟來自其他文化或國家的人見面的時候，這個問題始終很重要。許多東正教猶太人（Orthodox Jews）認為男性與女性之間的肢體碰觸是不恰當的行為，包括握手，或者男性與非東正教猶太人的男性握手也不恰當。穆斯林（Muslim）女性通常不會和直系親屬以外的男性握手，也絕不該被迫伸出手去握手。這同樣適用於穆斯林的男性，他們不會碰觸直系親屬以外的女性，包括握手。

我發現在沙烏地阿拉伯（Saudi Arabia）的習俗正在改變：女性彼此之間會握手，

現在也有女性會在某些場所的社交場合與男性握手。沙烏地阿拉伯的男性與女性通常不會在公共場所握手，比如在大街上。如果我到沙烏地阿拉伯的大使館或國際公司去參加會議，就會和來自世界各地的代表握手。不過，我不認為沙烏地阿拉伯的男性會和我握手，因為我是女人，所以我不會先伸出手去，而是等著看他們是否會伸出手來握手。至於在其他國家的會議裡，我建議女性若想要在商場上握手，就該主動伸出手來，那麼在前七秒鐘才不會顯得尷尬。

來自世界各地的男性，通常對和女性握手這件事感到困惑。如果在商業場合上，男性彼此之間握了手，同樣也該和女性打招呼與握手：除非有明顯的理由不這樣做，比如看到女性穿長袍、戴頭巾。要是因為這樣的舉動變得尷尬，女方不握手或敷衍地握了手，那麼就可能得多花十二次積極的經驗，來建立專業的關係與建立好感。所以不要輕言放棄這前七秒。

另外一個問題是，該用多少力握手。通常亞洲人握手會比澳洲人或美國人握得輕一些。在印尼（Indonesia），男性握手通常都比較用力，但對印尼女性則會稍微輕柔一點。請準備好隨時改變握手的力道，以配合對方；這樣才會讓他們感到舒服自在。身為在海外從商的女性，我總是顯得有自信，堅持立場，展現勇氣，握手的時候表現堅定並配合對方，才能留下好的印象。

參加會議的時候，要時時注意自己的身體與行為，以及你周遭人的行為。我看過許多澳洲人在海外工作的狀況，他們總是像個牛仔般魯莽地握手，差點沒把對方給摺倒。那樣只會讓對方懷疑自己是否真的想跟他們合作。若你注意到對方很謹慎，那就該溫和一點。你們可能不會在初次握手就建立起關係。慢慢來，多注意對方的行為並展現尊重。

肢體語言的含義，各國有不同解讀

手勢在不同國家可能有不同的含義，所以永遠不要做任何假設。比方說，挑眉可能代表同意、不同意或驚訝，這依你所在的國家而有所不同。

在澳洲，上下點頭表示你「同意」，而左右搖頭則表示你「不同意」，或你不敢置信。在某些阿拉伯國家，低頭表示不認同，而抬頭則表示「同意」。在許多其他的國家，比如希臘（Greece），上下點頭可能表示「不同意」。在泰國（Thailand）、寮國（Laos）和菲律賓（Philippines），「同意」的非口語象徵則是把頭往後仰。

在英語系國家，豎起大拇指通常有正面積極的意涵。它可以是「恭喜」、「太棒了」或「一切都好」的意思。在德國（Germany）、法國（France）和匈牙利（Hungary），它可能只是代表數字一，因為他們會從大拇指開始算數，從一數到十。在印度，左右搖動你的大拇指，代表這樣做沒有用，或者不認同。在網路上，豎起大拇指的圖案則可能表示你喜歡某個東西。

如你所見，意義差別很大，而且在某些國家，豎起大拇指可能是很粗魯的舉動。

這兩個例子，就顯示出許多解讀手勢的方式。這同樣適用於肢體語言。在你自己的國家，你的動作和肢體語言可能很恰當，也很尊重對方，但在另一個國家，卻可能有相當不同、甚至是很冒犯人的含義。使用恰當的肢體語言來傳達清楚的非口頭訊息，會導向最佳的結果。做足功課，觀察別人都怎麼做。

要是你確實用了不恰當的肢體語言或手勢，但動機是好的，多數具有文化智商（cultural intelligence）的人都會了解，不會馬上就覺得被冒犯。他們會觀察入微、而非只是看到最初的表象。這就是運用我們的文化智商，而不只是接收一、兩種肢體語言的動作，來判斷對方是敵是友，並且了解對方到底想透過非口頭語言表達什麼。正如我在前面的章節裡所言，肢體語言可能很主觀。是否具有文化意識，能了解行為背後的動機，這取決於你。觀察對方的肢體語言：要是他們往後退了一步，那就想想自己的肢體語言發送出什麼樣的訊息，或者檢視你的行為。然後趕快做出改變，讓你們雙方都能感到舒服自在。

常見的文化差異

行為	文化差異
彼此問候以及其他打招呼的方式	義大利人和法國人會親吻雙頰，澳洲男性則是互拍對方的背部。每個文化在彼此見面打招呼的方式上都有些微的差異。幾乎所有文化都能接受的問候方式，就是握手。
眼神接觸	在某些文化和國家裡，比如美國，直接的眼神接觸被認為是好的禮儀，展現出可信賴感與禮貌；但在其他某些文化中，比如澳洲原住民文化，它可能有不尊重的意涵。
個人空間	處在人口密集國家的小空間裡或排隊的時候，每個人的人際空間，會遠比不那麼擁擠、人人周遭都需要較大人際空間的國家或城市來得小。
肢體接觸	在某些國家，比如英國，見面的時候有肢體接觸是不宜的；不過，在其他國家，比如德國或希臘，沒有任何肢體接觸則被視為是粗魯或冷漠的。

文化智商，讓你行為全球化

文化智商（Cultural intelligence），又稱為文化商數（Cultural Quotient），或簡稱CQ，有助於我們了解並與來自不同文化的人溝通，讓我們能用恰當的方式，去回應不熟悉的文化訊息。文化智商，就是懂得如何把行為全球化。

這是個相對新穎的概念，用一個類似智力測驗或情商測驗的量表來衡量。你在網路上可以找到許多不同版本的量表。CQ一開始來自新加坡，最初開發的目的，是要在文化多樣的情況下管理專案與員工。像耐吉（Nike）這樣的公司，就把它運用在全世界的人力資源部門裡。

「文化智商」與「文化能力」：「建立跨文化關係與有效工作的能力」

在商場上，文化智商的三個原始能力是：

1. **大腦**：透過閱讀、做其他研究、網路、培訓課程和解決問題的過程中所獲得的知識。

2. **內心**：你是否有動力克服挫折，並保有持續力？你有多用心在適應新的文化，用情商來克服任何認知上或實際上的障礙？

3. **身體**：你是否能夠按照新文化所要求的方式行事，以免冒犯他人？[7]

為什麼文化智商這麼重要呢？

答案是全球化的興起。今天絕大多數的人，幾乎都可以在世界各地生活、工作、學習、結婚和創業。CQ較高的人在日常生活中和商場上，以及和國際社團與協會，都能更容易也更有效地進行互動。

CQ越高越能跟不同文化的人溝通

文化智商有助於我們了解並與來自不同文化的人溝通

「這是能了解不熟悉的背景、並融入其中的能力。」

厄里（Earley）與莫沙科斯基（Mosakowski），2004年

《哈佛商業評論》（*Harvard Business Review*）

「文化智商是局外人恰當地解讀與回應不熟悉之文化資訊的能力。」

厄里等人，2006年

大家都能有高CQ嗎？

答案是可以。高CQ的人可能具備雙語能力或者會說多國語言、來自多元文化的

背景、在文化多元的團體中進行社交，或者移民到不同的國家。他們也可能只是願意學習的人。說到文化能力，重要的則是我們花了多少心力去了解其他文化。

生活在另一個國家的時候，你必須讓自己沉浸在那個文化和語言當中，才能充分發揮文化智商。我只會說英文，還有一些來自法國、西班牙、義大利、日本、非洲和澳洲原住民的詞彙，這些都還堪用，但我也知道，能夠流利地使用我工作所在的國家的語言，是無價之寶。不過，懂得解讀肢體語言通常就能讓我取得有利的成果。

尊重差異，才能避免誤解

人們常說：「人類的共通點遠大於差異處。」生存的基本本能是一樣的。我們都想要一個家，有健康的食物和水，家人都能夠接受教育。我們都想賺取收入，想愛與被愛。但就算你認為共通點遠大過於差異處，也一樣值得關注這些差異點，因為往往就是這些差異，才導致誤解、衝突、對立，或甚至更糟的狀況。共通點容易被忽略。差異總是顯而易見，也往往容易被誤解。

請了解自己國家的文化與你即將拜訪或工作的國家文化有何差異。尊重這些差異，並且在肢體語言、非語言溝通、言行、服裝與待人處世方面表現得宜。如果你不知道該怎麼做，請尋求協助。人們通常會很樂意告訴你他們的文化，也會邀請你跟他們一起分享相關的事情。

跨文化的工作教會我很多事，但其中最重要的是做自己，善意的自己，並且好好地運用文化智商與情商。在出國之前，做好功課、提問題、傾聽、調整自己的演講，然後再多傾聽、多調整演講內容，直到你有信心可以贏得客戶歡心。

銷售與服務，建立信任最重要

傳統的銷售模式，是展示產品或服務，然後完成交易。現在，卻需要買賣雙方都展現出興趣，並建立彼此的信心與信任。這關乎於事先就能建立關係，社群媒體的盛行讓世界各地的人都能夠查詢到關於你和企業的一切，這通常也是你和多數客戶建立關係的第一步。

如果銷售的是一項服務或自己的專業知識，你同樣需要證明，在這個產業你是值得信賴的權威。你會發現，開始在海外推廣業務的時候，大多數的時間都是花在面對面建立專業關係與合夥關係上。

為了商業目的而與對方見面的時候，卻從對方的肢體語言中接收到負面的資訊，而且不斷出現阻礙，那你就必須迅速採取行動，以改善關係。澳洲人和美國人往往學不會慢慢地建立信任關係。我們總認為：**我們有產品，也只有這麼多時間，就直接開門見山吧**。但若不先建立關係，誰又該信任你呢？畢竟他們並不認識你。在海外從商的時候，先要學會如何建立信任與關係。記住：**會見我、喜歡我、信任我**。

有時候，你的行為必須跟你直覺反應的方式截然不同，但跟假裝並不一樣。有些人會認為：**要是我必須改變，那就是不真誠，因為我並沒有做自己**。但，你當然是你，除了你自己，你也做不了別人。你可以透過調整你的行為，讓別人感到舒服自在，畢竟一切並不總是與你有關。對方深入了解你的時候，他們會喜歡原本的你。但是在初次見面時，打造一個公平競爭的環境很重要。請儘量讓他們感到舒服自在。當然了，我們也該讓遊客在我們的國家裡感到自在。在每種情況下都問問自己，對方會有什麼感受？我要怎麼幫助他們適應，並感到自在？

無論你是在國外還是國內工作，要是你正在銷售產品或服務，請確保它符合你所說的所有標準，並增加價值以打造「令人驚豔」的因素。提到銷售，人們不購買的一個主因，是因為他們並不確定。他們對你、產品或服務、價格、甚至是他們是否需要它都感到不確定。請記住這一點，並且盡一切可能展現你：

- 值得信賴。
- 學識淵博。
- 提供可靠的服務。

跟潛在的國際客戶建立關係的時候，請注意：

- 尊重其他文化、習俗與宗教。
- 保有文化智商。
- 對自己的行為有所意識。

錯過第一次，就得花十二次彌補

你有七秒鐘的時間可以留下印象。如果沒有留下好印象，那麼就可能得補上十二次積極的經驗，來建立起關係與好感。如果你認為一開始的關係並沒有建立得很好，就得讓對方跟自己有更多的接觸，好讓他能更了解你。可能到了第五次或第七次，你和對方就能建立起良好的關係：不跨出去試試看，你是不會知道的。

積極的步驟可能包括：

- 邀請他們再次見面，喝喝咖啡或吃頓飯。
- 告訴他們要多寄點詳細資訊過去：請遵循六十／六十原則，在六十分鐘內寄出資訊，六十個小時內要進行後續追蹤。
- 藉由發送措辭恰當的電子郵件，謝謝他們參與會議，讓他們知道你了解他們的文化。
- 寄送參考資料或推薦信，為自己背書（假如有需要的話）；或許試著找到他們也認識的人，讓他們幫你說話或推薦你。請記住：有九一％的人會同意幫忙寫推薦信，但只有十一％的商人會找人寫推薦信。無論你在哪個國家工作，推薦信都能讓你的業務翻倍，所以不要害怕找人幫忙。收到推薦信後，請繼續追蹤狀況。以我過去的經驗可以告訴你，你的業務量肯定會成長。

- 比起過去，已有更多世界各地的女性進入職場，並擔任重要職務。不過，在某些國家，女性和男性談生意的時候，由另一位男性來介紹女性是很有助益的。見面的時候，拿出男性給予的推薦信，那麼和妳談生意的男性就會更尊重妳。
- 然後不要忘記，追蹤、追蹤、再追蹤！八〇％的銷售額可是在第五次到第十二次之間締造的。

我們清楚知道，全球多數的企業都缺乏後續追蹤。出差回家後，請持續追蹤，有意識地與客戶保持溝通聯繫。你可能花費大量資金購買產品、網站和程式，但還是沒有什麼業務，原因就在於你並沒有持續追蹤潛在客戶。一旦明白如何開發與追蹤國內外的客戶，你就會看到業務量大增。在西方國家，週四用電話或電子郵件追蹤的最佳時刻。所以，請在初次見面的二十四小時後，進行初步聯繫，然後在記事本上紀錄下來，以便後續再次追蹤。

致勝細節藏在名片裡

離家之前，請不要忘記攜帶名片。不過，也請不要逢人就發名片，好像你是什麼傳奇人物似的。那樣可能只會讓你看起來像個咄咄逼人的銷售員，這並非你想要留給別人的印象。首先，先確認別人是否需要或想要你的名片。

名片是你商業形象的一部分。請確保你的名片乾淨整潔、狀況良好、設計精緻，而且內容都是最新的狀況。骯髒、邊緣捲翹或書寫過的名片，會留下不好的觀感。請使用名片盒，讓名片可以保持乾淨新穎。名片若損壞或過期了，就印製新的。在名片上劃掉任何資訊或補上新的細節，都會讓名片看起來很混亂且不夠專業，也會讓人很難閱讀名片。

拿到名片的時候，請用雙手接過它，並花點時間仔細端看。針對名片的某些部分給予正面的評價，比如標誌、公司名稱或營業地點。這表示你尊重對方，也展現出對他們的興趣。這對你來說，也是一種能更了解對方的好方法，比如他們的職位。名片也有助於你記得他們的名字，或者在你不知道或忘記他們名字的狀況下提醒你：這種狀況可是很常見的。

要是有人遞給你一張你並不想要的名片，也不要拒絕接受。名片是匯集潛在客戶或未來銷售的好方法。看過名片後，小心地放入名片盒或外套的前口袋裡。要尊重他人的名片。在客戶面前，不要把拿到的名片拿來寫字。請在其他地方做筆記。如果你需要記錄資訊，請寫在名片的背面，而非正面，而且要先詢問：「你介意我在你的名片上寫字嗎？」在許多文化或國家裡，特別是在日本，名片是個人整體形象的一部分。人們花錢、花時間設計專業名片，可能不會喜歡你在上面寫字，或者不花點時間看、也不收下就丟掉它。

你要遞出名片或傳單的時候，也請盡可能地用雙手遞出，並且把名片或傳單轉正，以便客戶可以直接閱讀。這些小細節相當有效，客氣有禮也才會有所成就。

實例分享

順勢化解尷尬，反而建立深刻關係

我曾經在中國，和一大群澳洲與美國商人一起工作。我很快就明白，並不是每個人都在抵達之前，好好花了時間做功課，對文化差異有所意識。

有次，我們正要出門參加正式的晚宴，但開始下起雨來，於是東道主們幫我們撐著傘，我們全都擠在傘下。就在我們要出發的時候，我們團隊的一位女士說：「噢，我真的需要去一趟廁所，但我討厭他們的廁所。為什麼中國的廁所都長那樣呢？」

她說的話嚇到我了，尤其是東道主們還正幫我們撐著傘。他們體貼有禮，我們團隊的每個人也應該以禮相待。

「噢，真是抱歉，」我對站在我旁邊的東家說。然後我有點厚臉皮地說：「她不是澳洲人。」

這麼做就打破了尷尬，我和東道主開始聊了起來。晚宴上我們繼續聊天，隔天早上還為了一場臨時的商務會議見了面。我們繼續合作，並且開發了一款到現在還在銷售使用的培訓產品。我建立了這份關係，並且好好地維持它。有時候你就是必須面對麻煩的問題，然後才能繼續前進。

第6章

人際意識框架，隨時轉換互動模式

先跟自己建立關係，是有意識溝通的關鍵

「人際意識框架」就是指要能對自己與他人建立關係的方式有所意識。這能夠為每天在各種情況之下，帶來成功溝通的重要積極變化。

與人初次見面的時候，需要有正念意識，才能建立良好的關係。我們需要意識與潛意識同步運作，要有所意識就是要有覺察力，有了覺察力就能知悉許多事，也才能採取積極的行動。

正如其名所示，「人際意識框架」就是你要能意識到自己與他人建立關係的方式、自己所處的狀況、你身在何處以及該有什麼樣的行為表現的能力。比方說，你在工作上跟在家裡或與朋友相處時有不同的行為表現。你和家人朋友相處的方式，跟潛在客戶與業務夥伴相處的方式並不相同。我們必須針對正在溝通的對象、我們彼此正在做什麼，以及我們想要達成什麼樣的成果有所意識。最重要的是，無論好壞，我們都必須能意識到自己對對方造成什麼樣的影響。

由於在工作坊中，我研究了所觀察到的肢體語言、心態與行為履歷，因此創建了「人際意識框架」。在工作坊中，我們幫助人們去了解，這些因素對他們與人溝通的方式造成什麼影響。同樣地，我們也會讓你知道，你必須完全意識到對方的存在。他們需要什麼？又想要什麼？「人際意識框架」的策略將有助於你找出答案。

讓身體、心態與意識一致

藉由充分意識到他人的需要，你也會記得，並非每次談話都以你為中心。

當你的肢體語言、心態與意識都一致的時候，別人就會想要和你合作，或者跟你買東西。他們會想要讓你來服務，然後

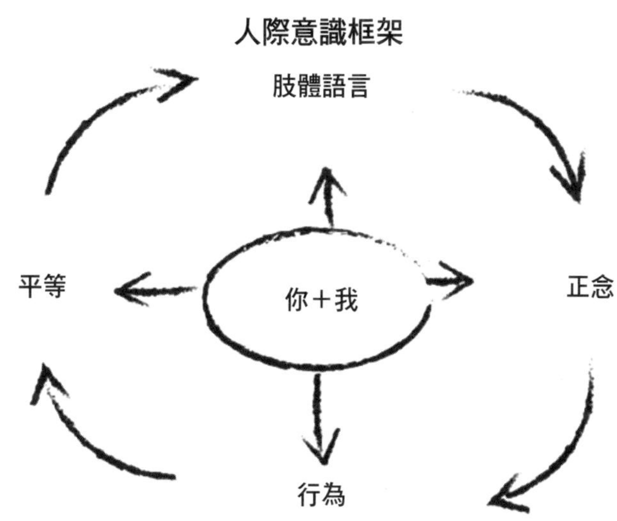

你就能運用「關鍵七秒」來獲益。

有意識調整肢體語言

我們都知道，透過調整肢體語言與非語言表達，就能在幾秒鐘之內改變我們的感受，以及我們給別人的感受。就連你呼吸的方式也是個重要的指標：它讓你與你周遭的人知道你是否冷靜或焦慮。在你什麼話都還沒說之前，請先意識到自己身體所表達出的跡象：這會對你如何與他人打交道造成影響。

保持正念，有助於帶來正面影響

這代表要有意識，並且要能充分察覺。請注意周遭的人。跟某人見面的時候，你應該注意他們需要什麼，而你能提供什麼給他們。請留意前七秒鐘，以及這段時間內你如何影響對方。給個燦爛的笑容吧，那絕對無傷大雅！請注意你所拜訪國家的文化差異。請注意你說話的語氣，就算你說的是另一種語言，別人也可以解讀你的語氣。請留意你自己與他人的非語言溝通。請注意周遭環境，重要的是，要注意自己的狀況，比如你的一天是怎麼過的。每天撥出一點時間走出戶外，呼吸新鮮空氣，甚至到草地上走走。給自己時間放鬆，在工作任務的空檔時間思考一下。請留意你使用的塑膠製品：你可以使用環保袋嗎？有必要購買用塑膠製品包裝的飲料（比如飲料杯）嗎？你的飯店能夠提供回沖式水壺，並為客人設立隨處可見、或甚至在房間裡裝設飲水機嗎？（我旅行的時候，總是帶著環保水壺，到飯店的健身房去裝水。）過馬路的時候也請注意：尤其是當你身處不同的國度。是要先看左邊是否有來車，再看右邊？還是先看右邊，再看左邊？附近有斑馬線嗎？也請確保在你過馬路之前，並沒有一邊使用手機。

我們每天都可以讓自己的生活、別人的生活、動植物，以及我們所共享的這個美好地球有所不同。這很簡單：只要讓大腦有所意識就可以。請打造一個有意識的世界。

察覺自己的行為，發揮優點，改善缺失

一旦我們真正意識到自己與他人的行為履歷，就能運用行為中的優點，並修正或至少察覺到缺點。這也有助於我們理解我們談話對象的行為，以及我們對他們所造成的影響。

打造公平競爭的環境

當你能完全意識到自己的肢體語言和行為，並且能注意自己與他人的行為，就能打造一個公平競爭、人人平等的環境。從這裡，你就能繼續為所有人創造雙贏的結果。

中斷負面的情緒連結，不陷入惡性循環

有時候我們不得不中斷和自己的意識連結，甚至得隱藏我們的真實身分，以取

得最佳結果。比方說，你聒噪地進入一間安靜的屋裡，屋內的其他人可能會因此而覺得不舒服。要是你覺得無所謂，就不會決定要改變自己的行為；不過，如果你對此狀況有所意識，也想要跟別人建立關係，並讓他們感到自在，你就會緩和一下自己的行為。讓與你見面的人了解並欣賞你的技能與才華。

你應該永遠保持真誠，並且在與他人初次見面和握手的時候，儘可能有意識地與他們建立關係。思考能讓對方感覺良好的方法，有時候那代表要改變你自己的行為。請記住，雙方都想要有最好的結果，對方可能也正有意識地調整他們的行為。

當然了，要是某個人或某個狀況讓你覺得不對勁，那就應該要把自己抽離那個狀況。只有在你感到舒服自在的時候，才有辦法調整自己的行為。

有時候你必須在情緒上跟這個狀況中斷連結，以便解決問題。可能家裡發生了什麼不太好的事，但在工作中絕對不要讓自己沉浸在那樣的情緒裡，請專注於當下你在工作上、會議中必須做的事。不要把負面或令人擔憂的想法帶進另一個場合。一次處理一件事就好，專注而有意識地處理它。否則不管你做什麼，都會被影響，而且你擔心的那件事，也會對你生活中的其他事造成影響：你會發現自己陷入破壞性的惡性循環。有時候，你必須暫時不理會情緒，特別是憤怒或擔憂，不要讓它們顯露在肢體語言裡。

在適當的時候，請留意你的感受，並在可以的時候做出行動。我們需要從狀況中抽離情緒，才能創造積極性，完成任務，讓團隊能夠共同參與，並且讓工作上軌道。

不讓慣性主導你跟人的互動

我們通常不會完全意識到自己在做什麼或想什麼：我們總是習慣性不假思索，對自己的行為毫無覺察。想想你每天想都不想就做的例行公事：準備上班、吃早餐，甚至是跟同事打招呼。也許你根本不記得自己開車到辦公室上班的細節，因為你是無意識地自動就完成這件事。

你是否過度分心或急於注意別人或自己正在做什麼？你是否一心二用？跟別人交談的時候，你是否開始不自覺地查看手機？或者，你在通電話的時候，也同時查看你的電子信件？你被介紹給別人認識的時候，你是有意識地要努力記住對方的名字，還是心不在焉地環顧屋內，根本不顧慮這會讓對方有什麼感受？

把自動導航的功能關掉，好好留意自己的行為舉止，最重要的是，要注意自己跟別人互動的方式。

實例分享

就算立意良善，也要察覺別人的感受

我在印度的哥印拜陀市（Coimbatore）工作的時候，被邀請到離市區九十分鐘車程以外的艾薩瑜珈中心（Isha Yoga Centre）度過一天的時間。抵達之後的第一個活動，是要和一群人一起坐一小時，誦唸著「唵」這個字。這個體驗很驚人，因為我們唸唵的聲音加起來，充斥著整個房間和我們的腦袋。我很確定一個小時後聲音還不絕於耳。

接著我們在盥洗後，換上了橘色的服裝到外面去。我們的導遊引導我們走下一百二十級的石階，來到一個天然的水池。水池的一側有瀑布，水池中央則有塊大圓石，導遊叫我們走過去摸它。但就在我們要涉水過去的時候，有八名女性和他們的領隊搶先我們而入。我們別無選擇，只能站在一旁等待，因為這個水池雖然很大，但這八個人的領隊並不想要我們同時進去。最後，等到她把團隊帶走了，我們才能夠進去，並且自由移動。

在那之後，我們沐浴更衣，然後前往即將要靜坐冥想的地方。我們靜靜地坐在冥想室外頭，等待可以進入的鑼聲響起，這時那個領隊和她的夥伴們又出現了。跟之前一樣，她堅決認為她們要先進去。當導遊示意我們可以進去的時候，那個女人又試圖要趕在我們之前找到最好的位置。

到了這時候，我開始覺得我們到這個美麗的鄉下地方去，身邊圍繞著大師的哲學及致力於心靈連結的艾薩基金會（Isha Foundation）工作人員，是為了要去靜坐冥想、淨水沐浴、找尋內心寧靜的，但卻出現了這樣咄咄逼人的強勢領隊。她完全沒有意識到自己給別人什麼樣的感受。我們感受到的，是被強迫、忽視及遺漏的感覺，因為她只專注於帶領自己的團隊，她的某些隊員看起來似乎不是很舒服，她們開始意識到她對其他人所造成的影響。我可以看見她們畏縮地禮讓他人。但這八人中有些人看起來則好像是覺得自己很特別，值得被特別禮遇，絲毫未察覺團隊中其他人或別人的感受。

這就是一個完全沒有意識到自己行為、所處環境，以及自己如何影響別人的完美例子，甚至還發生在一個非常注重自我意識的地方。我們抵達艾薩中心的時候，被要求脫下鞋子，體貼考量周遭的環境與他人。但這個女人還是沒有考量到自己對別人所造成的影響，完全沒有意識到自己的行為。她並未了解到她和她的隊員並不是重要的中心。當然了，她的意圖對團隊來說是好的，因為她想要照料好這些隊員，讓她們覺得很特別，但是卻忽視了她對其他人所造成的影響。

良好溝通的兩要素：有意識傾聽與提問

良好溝通的兩個最基本的要素，就是傾聽與提問。聽覺，也就是聲音進入耳膜傳達到大腦的生理過程，跟傾聽並不相同。傾聽更像是一種態度，一種想要理解傳達內容的欲望。這是一項必要的溝通技巧。如果想要做得好，就必須能完全意識到對方與現況。

傾聽與提問是「人際意識框架」的基本要素。反過來說，這兩者對你成功的「關鍵七秒」有所貢獻。要是對方看到你對他們全神貫注，對他們所說的內容很感興趣，想要了解更多，就會因此覺得受到尊重；他們會想要和你合作，也會想要傾聽你所說的話。

請運用頭部、肩膀、臀部、雙眼、嘴巴和耳朵來建立關係。

我們有許多人不擅長傾聽，很多時候還會假裝有在聽。就算沒有，也常常假裝有。在別人跟你交談的時候查看手機、環顧房間，或者想著當天的晚餐，全都表示你沒有真的在聽。請停下來，集中注意力，盡可能有眼神接觸，並且有意識地傾聽他人。

積極傾聽，聽出對方沒說的話

積極傾聽代表我們試著從發言者的角度去理解事物。它包含讓說話的人知道我們有在聽，並了解他們所說的話。它可以被視為一種態度，是為了共同理解及互惠互利而傾聽。

透過積極傾聽，我們能聽到對方所說的內容，以及話語背後的態度與情緒。發言者是否開心、憤怒、興奮或悲傷？回應發言者的感受會增進你的傾聽技巧。

問問自己：

- 他們聲音的語氣告訴了你什麼？
- 他們的聲音響亮還是顫抖著？
- 他們是否有特別強調的重點？

- 他們是否喃喃自語，或者難以找到字彙來表達想說的話？
- 如果你們正面對面交談，從他們的肢體語言中，你能看出什麼？
- 發言者的臉部表情、手勢和姿勢告訴了你什麼？

你在傾聽某人說話的時候，運用這些技巧，會讓發言者知道你的全神貫注：

- 使用像是「嗯嗯」、「請繼續」、「真的啊！」、「然後呢？」及「你覺得怎麼樣？」的語句。
- 運用眼神接觸、偶爾點點頭與傾身向前加入對話等等的肢體動作。
- 提出問題來做釐清或總結。比方說：「你的意思是，他們一杯咖啡賣五塊錢？」、「所以你去那家店找到合適的銷售員後，發生了什麼事？」

成為良好傾聽者的訣竅

- 下定決心傾聽。讓自己對周遭的雜亂與噪音充耳不聞，給予發言者你全部的注意力。

- 不要打斷別人。養成讓對方把話說完的習慣。尊重他們有正在思考與談論的想法，等到他們把話說完再提問或給予評論。
- 把注意力放在發言者身上，專注傾聽他們的聲音。不要環顧房間，以免你的注意力也跟著跑掉。
- 為了幫助你成為良好的傾聽者，請把一天當中所有的討論記錄下來。請記下主題、誰說得話比較多（你是在傾聽還是說了很多話？）、你在討論中學到了什麼，以及對話中的人、事、時、地、物。一旦你這樣練習了八到十次，你就能夠看到目前你傾聽的能力所在。
- 在整個對話過程中，提出幾個問題。你這樣做的時候，人們會知道你有在聽，而且對他們所說的話感興趣。你的總結與詮釋的能力，也會展現出你把他們的話聽進去的樣子。
- 當你展現出良好的傾聽技巧時，它往往具有傳染力。要是你想要跟別人溝通良好，那麼就得先樹立好榜樣。

提出好問題幫你建立好關係

保持好奇心：會提問的人，往往都能掌控狀況，並藉由好奇心來創造影響力。

我們花了很多時間向別人提問跟回答，但並不清楚自己提問的方式。不幸的是，開放式的問題通常看起來特別困難，而你如果想要在這個過程中，讓自己的技能變得高超，這些通常是最重要的問題。

封閉式問題可以用一、兩個字來回答，通常是簡單的「是」或「否」。這種問題可以在對話中開啟談成生意的程序，或者提供細節的確認，但通常無法開啟更多的對談，或者蒐集到更多資訊。

大多數的人需要練習提出開放式的問題，那種會讓聽者有機會詮釋、描述他們對某個議題的感受，或者提出建議的問題。

開放式問題能提供我們更多資訊，因為：

- 它們鼓勵其他人說話。
- 我們能蒐集他人的意見和想法。
- 它們有助於我們確認，別人是否正確詮釋了我們所說的內容。
- 它們有助於我們更快達成共識。

好的開放式問題包括：

- 「你覺得怎麼樣？」
- 「你怎麼想？」
- 「你有什麼想法？」
- 「你認為我們該如何解決這個問題？」
- 「換作你是我，你會怎麼辦？」
- 「請跟我說更多有關於……的事。」

對於「為什麼」這種問題，要特別小心。它們可能會聽起來像是指責，聽者也可能因此變得有所防備。

要是我們擅長提出這種問題，能夠提供我們更多關於對方以及他們需求的資訊，就更容易與潛在客戶建立起關係。好的問題能夠幫助我們找到與某人的共通點，讓對方知道我們對他們感興趣，並且把注意力集中在他們、而非我們自己身上。

以客戶為中心的好問題包括：

- 「怎麼樣才是幫你解決這件事的最佳方式呢？」
- 「你想要看到什麼樣的結果呢？」
- 「你認為我們能做些什麼？」
- 「你不想要我再繼續做什麼？」
- 「如果我……會有用嗎？」
- 「假設我們……你對這個主意有什麼看法？」

- 「能協助我了解一下事情的來龍去脈嗎？」
- 「我們見面談談準備要改變的部分吧。你哪一天比較方便呢？」
- 「我準備好要……這樣子狀況會比較好嗎？」

強化你閒聊的能力

一般人對閒聊（small talk）的觀感並不好。有時候它被當成是「正式對話」的「窮表親」，在某些文化當中根本不受重視。不過，少了閒聊，我們許多人就永遠不會有「真實」的對話。閒聊有助於我們讓別人放鬆下來，讓他們感到舒服自在。閒聊能打破僵局，對關係的發展有長遠的助益。

基於以上這些原因，閒聊是「人際意識框架」及以「關鍵七秒」獲得成功，相當不可或缺的另一個要素。

閒聊的能力有助於我們建立事業、發展社交技能、結交朋友、維持關係，甚至找到工作。它有助於我們讓別人放鬆，也是表明我們對他們感興趣的簡單步驟。

你和人初次見面的時候，第一句話都是什麼呢？

怎麼做才有用？

- 你說話的方式和你說話的內容同樣重要。請面帶微笑。你的笑容總是能夠透過聲音顯露出來。
- 如果你發現自己在社交活動中獨自一人，尋找其他看起來也是獨自出席的人，或者加入為數不多的一群人，你一樣可以把起司托盤遞給其他人，或是在品嘗自助吧食物的時候，跟排隊的人交談。
- 一個滿有用的訣竅，是想像你自己就是主人。那麼你就不會太擔心自己，而是會多關心別人。

怎麼做沒有用？

- 不要試圖用幽默的方式說貶義的話（就是諷刺）。

- 不要試圖讓別人感到吃驚。有些人無論如何都不容易吃驚，其他人則可能是會有被嚇到的負面效果，所以根本不值得冒這個險。
- 冗長、帶情緒的辯論對聚會一點幫助都沒有。死亡、政治、宗教、性愛、疾病與兒童通常都列在要避免談論的話題之首。當然了，就算是規矩也有例外，好比你必須向某人表達哀悼之意的時候。在那種情況下，小心選擇用字遣詞，並且真誠地把話說出口，這比你因為害怕犯錯而避免表達哀悼之意還來得好。

如何有禮貌的結束談話？

無論再怎麼努力，也並非所有談話都能成為引人入勝的討論。而且，就算是良好的談話最終也會結束。告訴對方你有多喜歡和他們談話，然後你現在需要去會見其他人了。請面帶微笑，他們不會因此而感到被冒犯，他們會明白這就是社交活動，在那裡的每個人都是這樣做的。

建立「人際意識框架」六訣竅

- 清楚自己的目的。
- 給予這些會面積極的意義。
- 透過行為、反應或不行動，來了解自己的骨牌效應。
- 把每個人視為一個個體，給予他們你全部的注意力。
- 對未來要能夠有適應力與彈性，我們認為的並不總是正確。
- 事業／婚姻／家庭生活都是場冒險，所以好好享受吧。

結語
從關鍵七秒，創造有力的成果

如今你已經學會了「關鍵七秒」，有能力去意識到自己的肢體語言與其他非語言的溝通方式，也知道要留意你身處的情況與即將和你見面的人。

在與他人見面打招呼的時候，要有適應能力、有彈性，並且有意識。我喜歡伊索寓言（Aesop fable）中龜兔賽跑的故事：烏龜最終贏了比賽，不是因為牠跑得快，而是因為牠對於自己想要達成的目標有所意識。兔子則因為傲慢、自大、懶惰，又不知道自己需要怎麼做才能取得勝利，而輸掉了比賽。

你本來就擁有管理關係的策略，所以要不要練習這些技能、工具和心態，取決於你。現在你能夠了解自己，也能夠看出對方的行為履歷，從而打造成功的局面。

如今你也可以隨時隨地進行有意識的溝通，創造成功：這一切從你的「關鍵七秒」開始。

致謝

我很幸運能跟成千上萬的人一同工作，激勵我在事業與生活中分享溝通的強力訊息。我要謝謝勵志演說家山姆・考托恩（Sam Cawthorn），他叫我一定要寫這本書；還有作家後援服務中心（Author Support Services）的作家艾莉克斯・富勒頓（Alex Fullerton），四年前在她的一堂課裡，當時我正編寫我的書，而她坐在我身旁，（邊搖頭）邊看著我把書的內容轉換成世界各地都有、一系列四堂課的工作坊課程。

相當感謝出版編輯貝娜黛特・佛利（Bernadette Foley）跟我一起合作完成這本書，也謝謝阿歇特出版公司（Hachette Australia）認同這本書的價值，甚至稱我為現代女版的人際關係學大師戴爾・卡內基（Dale Carnegie），這讓我更加堅信自己的工作。

而身為基督徒，信仰讓我無論到哪裡，都能夠分享愛、希望與關懷。

我要感謝我的丈夫約翰，藉由一場疾病將我帶回注定該走的道路，也要謝謝我的孩子們傑克森（Jackson）、卡蘭（Callan）與梅根（Meghan），讓他們的媽媽致力於為這個地球帶來改變。我相信你們已變得更加強大，也很享受這趟瘋狂的旅程！謝謝大家在我到世界各地旅行、分享溝通的藝術與科學的時候，相信我並且鼓勵我。

我永遠感激。

翻轉學系列 020

關鍵七秒，決定你的價值

國際非語言溝通專家教你練就不經思考，秒現有自信、魅力與競爭力的「行為履歷」

The Million Dollar Handshake: The ultimate guide to revolutionise how you connect and communicate in business and life

作　　者　凱薩琳・莫洛伊
譯　　者　林吟貞
總 編 輯　何玉美
主　　編　林俊安
責任編輯　鄒人郁
封面設計　劉昱均
內文排版　黃雅芬

出版發行　采實文化事業股份有限公司
行銷企劃　陳佩宜・黃于庭・馮羿勳・蔡雨庭
業務發行　張世明・林踏欣・林坤蓉・王貞玉
國際版權　王俐雯・林冠妤
印務採購　曾玉霞
會計行政　王雅蕙・李韶婉
法律顧問　第一國際法律事務所　余淑杏律師
電子信箱　acme@acmebook.com.tw
采實官網　www.acmebook.com.tw
采實臉書　www.facebook.com/acmebook01

I S B N　978-986-507-038-0
定　　價　330 元
初版一刷　2019 年 10 月
劃撥帳號　50148859
劃撥戶名　采實文化事業股份有限公司
　　　　　104 台北市中山區南京東路二段 95 號 9 樓
　　　　　電話：(02)2511-9798　傳真：(02)2571-3298

國家圖書館出版品預行編目資料

關鍵七秒，決定你的價值：國際非語言溝通專家教你練就不經思考，秒現有自信、魅力與競爭力的「行為履歷」/ 凱薩琳 ・ 莫洛伊著；林吟貞譯 . – 台北市：采實文化，2019.10
256 面 ; 14.8×21 公分 . --（翻轉學系列 ; 20）
譯自：The Million Dollar Handshake: The ultimate guide to revolutionise how you connect and communicate in business and life
ISBN 978-986-507-038-0（平裝）
1. 職場成功法 2. 行為心理學 3. 肢體語言
494.35　　108013583

The Million Dollar Handshake: The ultimate guide to revolutionise how you connect and communicate in business and life
First published by the Orion Publishing Group

翻轉學

翻轉學